共情陷阱

你为何总被别人的坏情绪伤害

〔法〕克里斯朵夫·阿格◎著　　宋　瑶◎译

中国水利水电出版社
www.waterpub.com.cn
·北京·

内 容 提 要

每一分，每一秒，我们的情绪都在饱受周围环境的干扰。因此，你要学的不只是控制和疏导情绪，更要学会将外界对你情绪的影响降到最低。这本书中列举了多个情绪实验和观察报告，以真实而有趣的实验证实了情绪磁场和共情陷阱的存在，进而用科学的训练方法教你从容地应对外部环境给你带来的坏情绪的干扰。

图书在版编目（ＣＩＰ）数据

共情陷阱 : 你为何总被别人的坏情绪伤害 / （法）克里斯朵夫·阿格著 ; 宋瑶译. -- 北京 : 中国水利水电出版社，2021.2
　　ISBN 978-7-5170-8314-6

　　Ⅰ. ①共… Ⅱ. ①克… ②宋… Ⅲ. ①情绪－自我控制－通俗读物 Ⅳ. ①B842.6-49

中国版本图书馆CIP数据核字(2021)第005815号

La contagion émotionnelle by Christophe Haag
© Editions Albin Michel− Paris 2019
Current Chinese translation rights arranged through Divas International, Paris
巴黎迪法国际版权代理 (www.divas−books.com)
北京市版权局著作权合同登记号：01-2020-7631

书　　名	共情陷阱：你为何总被别人的坏情绪伤害 GONGQING XIANJING: NI WEIHE ZONG BEI BIEREN DE HUAI QINGXU SHANGHAI
作　　者 出版发行	〔法〕克里斯朵夫·阿格 著　宋瑶 译 中国水利水电出版社 （北京市海淀区玉渊潭南路1号D座　100038） 网址：www.waterpub.com.cn E-mail：sales@waterpub.com.cn 电话：（010）68367658（营销中心）
经　　售	北京科水图书销售中心（零售） 电话：（010）88383994、63202643、68545874 全国各地新华书店和相关出版物销售网点
排　　版 印　　刷 规　　格 版　　次 定　　价	北京水利万物传媒有限公司 北京市十月印刷有限公司 170mm×240mm　16开本　19.5印张　236千字 2021年2月第1版　2021年2月第1次印刷 49.80元

情绪，最微妙的互动

你看过科特·维莫（Kurt Wimmer）的科幻电影《撕裂的末日》[①]吗？

以下是剧情梗概：

21世纪初，第三次世界大战爆发。恐怖的核武器大屠杀几乎毁掉了所有文明。最后的幸存者们震惊于人类灵魂的丑恶，绝望地寻找阻止人对人施暴的方法。有些人认为，人作恶是因为人是情感动物，有表达、感受，特别是分享情绪的能力。于是情绪成了威胁人类的危险病毒和头号公敌。

为了根除人群中各种形式的情绪感染，统治者使用了一种化学炮弹：每天，国民都必须注射一种被称为Prozium的淡黄色液体。这种强效物质能让人失去情绪和感觉，阻止愤怒、恐惧、蔑视、仇恨、喜悦、快乐等各种情绪在人群中传染。由于注射了这种物质，人们变得冷血、麻木，完全没有同情心。

[①] 电影《撕裂的末日》，外文名 *Equilibrium*。——译者注

　　同时当局也决定，为了预防情感的出现，彻底禁止所有会引发情感出现的东西。于是，艺术品、音乐、电影、诗歌、文学作品、勾人想起家庭回忆的个人物件、过于温馨的装饰都被禁止了；住宅、道路、办公室被刻意设计得古板乏味；窗户上贴上了不透明的薄膜，以免人们看到蓝天或日落时感动。违反法律的人会因犯"情感罪"被处以死刑。于是出现了一个新的世界：受过训练的保安队监视并清除"情感异常"的人，在新世界里战争只是遥远的回忆，但人类为此付出了极大的代价！

　　和很多的同类电影一样，这部科幻片的价值在于对人类心理的追问。《撕裂的末日》指出了一个被称为"情绪传染"的心理—生理现象，试图揭示其中尚不为人所知的地方，以及情绪的必要性。对于情绪传染的现象，大众所知甚少。多年以来，世界各国的一些研究人员探索、解密、分析该现象，我也是其中之一。一个问题困扰着我们：对人类来说，情绪传染是好是坏？

　　在试图回答以上问题之前，让我们先试着直观准确地把握情绪传染一词的含义。

　　情绪传染一词中，首先是传染（法文拼写为 contagion），这是一个阴性名词，在疑病患者眼中是个极易引发焦虑的词。想到它，我们首先就会想到一系列传染性疾病或病毒，比如艾滋病、埃博拉病毒、水痘、疱疹、流感、感冒，或愤世嫉俗的豪斯医生酷爱医治的那些疑难杂症。根据病毒类型，疾病可能是直接（皮肤接触、性交、血液传播等）或间接（通过食物，与被感染的物体、衣服或被褥接触等）传染给健康人。

　　但一个解释很少能说清一个词的意思。稍微探究一下"传染"一词的词源，就会发现其另一个不太为人所熟知的隐藏定义，请看《费加罗报》一篇文章的题目：《对埃博拉病毒的恐惧和埃博拉病毒一样有传染性》。也就是说，传染也可能是"情绪"的传染。《拉鲁斯词典》定义情绪传染为"一个人的情绪状态传染给另一个人"。其实情绪就像虱子、病毒一样，它们通过明确的传播路径在个体间传播，有传播者和接受者。

情绪也可能极具传染性，通过不同的方式传播，我们将在本书中介绍这一点。想象一下：一些研究者认为，人类的大脑（尤其是潜意识）每秒可以接收 1100 万比特 [①] 的信息，包括图像、声音、气味、触觉等感觉信息。理论上讲，每比特信息都可能携带一种或几种来自他人的传染性情绪。

简而言之，你已经知道了——情绪会"传染"。

我把情绪看作"上帝的粒子"，让人的心情和生活阴云密布或晴空万里。日复一日的生活消磨下，人变得缓慢而机械，而情绪能神奇地让身体瞬间充满活力，在其中注入欲望或焦虑，让肌肉充满力量，让精神坚定焕发。恰如路易－费迪南·塞利纳（Louis-Ferdinand Céline）所写的那样："一切都因情绪而起……"人的肉眼看不到情绪本身，只能看到情绪的表露。但不管信与不信，在生命中所有重要的时刻，我们汹涌的内心深处都激荡着情绪。

我们现在已经了解了情绪粒子的寿命（几毫秒到几分钟）、起因及影响。情绪造成的物理和生理影响也已系统化。情绪在大脑中留下了痕迹，就像动物在土地上或雪地里留下的足迹一样清晰。神经科学称之为"神经标记"。人类有没有可能精确了解情绪的重量？

---

① 科学家通过计算每个感觉器官的细胞接收器数量以及从这些细胞中发出通至大脑的神经数量，得出了以上数字。我们的眼睛每秒接收并向大脑发出 1000 万个信号，鼻子和耳朵每秒接收并向大脑发出 10 万个信号。

医学成像勾勒出了情绪的踪迹，它可以通过身体及精神传播。继量子物理之后，又诞生了情绪物理。这也并不是耸人听闻。

因为每个人的情绪周围都会产生无形的心理场，让人的情绪彼此相连。有点儿像大海里的水滴，形成了具有振动能的广阔大海。我们都会被其他人的情绪感染，精神、行为和生活轨迹也都会受到影响。

情绪传染人体后，会对我们的身心健康产生哪些影响？有害还是有益？有没有控制情绪的"窍门"，换句话说就是有没有稳定情绪粒子的方法？是否能刻意让他人被某种特定的情绪传染？是不是有些人对他人的情绪更敏感或更不敏感？有没有可能不被破坏性的情绪传染？是不是只有与人接触时才会感染情绪病毒？情绪嗡声是什么？情绪传染是不是能左右全人类的命运？在专家的帮助下，我将尝试在本书中回答以上问题。

最初萌生写这本书的想法是在 2001 年，这一年，发生了两件震惊媒体界的大事，两件事的规模不能同日而语。第一件事与"9·11"事件有关。它引发了大规模的情绪传染，让世界多地陷入极大的恐惧之中。我们都记得电视中恐怖袭击现场集体恐慌的画面：恐惧中的人们跳下大楼或在纽约街头狂奔逃命。"9·11"事件十周年时，《世界报》刊登了一篇题为《纽约，十年的心理疗伤》的文章引人回忆。文中写道："经常出现的一个画面、一种气味、一个念头、一种'恐惧'还纠缠着成千上万的幸存者，不时将他们淹没或萦绕在他们的噩梦中，让人焦虑或突然感到绝望、失眠……"

被情绪感染，有些人被感染得很严重。

第二件事类型不同。2001 年夏天，法国电视台第一次推出了封闭式电视真人秀节目《阁楼故事》^①，招致很多批评的声音——制片方无法无天、节目垃圾和观众实在太八卦。毫无疑问，对于当时刚开始进行情绪传染研究的我，和其他很多后来和我成为同行的人一样，对出现如此粗制滥造的文化节目感到震惊。这种作品可能对参与者的心理健康造成严重危害，甚至完全改写电视行业的格局。但同时，我们又对这场非同寻常的人性探索充满好奇。

《阁楼故事》在某种程度上让我想起了二十世纪七八十年代，菲利普·津巴多（Philip George Zimbardo）及史坦利·米尔格伦（Stanley Milgram）所做的残忍的心理实验。他们很少考虑实验对参与者造成的心理创伤，但他们颠覆了心理学这门学科。他们的文章和分析现在还出现在很多学校的课程中。其实验之一就是把美国一所名校的学生关在一个模拟监狱中，有些人扮演班房看守，另一些人扮演囚犯。在另一个实验中，他们让有偿参与实验的学生向隔板另一边的人（其实是演员）提问。如果对方回答错误，这些参与者就会在身穿白衬衣、戴着黑领带，代表权威的"老师"的注视下，给答错题的人越来越强烈的电击。2010 年，法国 2 台在一档名为《死亡游戏》的节目中重现了这个实验，并在黄金时段播放。再次证明了米尔格伦的不朽结论：在 21 世纪"统治"一个人仍然很容易，尽管他被要求做的事情是不道德的。

两个实验把人性的残忍展露无遗：人被赋予了权力就一定会滥用。让一个权威人士对你指手画脚，让你做和价值观相悖的事，最后你会毫不犹豫地"执行"命令，但会可悲地逃避自己的责任。恰如埃德加·莫兰（Edgar Morin）写的那样：我们很快就会沦为下等民族。

《阁楼故事》把人们关在一起，（实时）观察封闭环境对情绪会产生多

---

① 外文节目原名 *Loft Story*。——译者注

大刺激，我们吃惊地发现了小团体中的情绪传染。在此，我把这种传染称之为"临近传染"。这类传染中涉及的人数有限，一般在2—20人之间。"临近传染"与一群人或整个国家等大范围的情绪传染不同，比如约翰尼·哈里戴（Johnny Hallyday）葬礼引发的全民悲痛或法国队第二次在世界杯夺冠时的举国狂欢。

事实上，阁楼内的争吵、下流的行为、喜悦或爱意的表现迅速传播，出口之言的威力就像飞机上的"炸弹"一般。阁楼里的人做出的反应也被放大、加速。每个人的情绪就像打在墙上的子弹那样火花四溅，让彼此产生强烈的情绪。居住在这所金牢笼中的人们一天24小时都处于红外线摄像机镜头之下，被情绪的压力控制。

某些时候大概也是节目制作方的操纵，这11个参加实验的人，还是在阁楼里经历了一些虽被放大但仍真实的人性感受，让我们这些研究者能带着放大镜观察到情绪。日常生活中的情绪微妙得难以被人觉察，但它却是我们的社会关系、选择、幸福与生活质量的重要组成部分。

因此我决定以"不同寻常"的方式研究情绪传染。我们会一起探索极端情绪，对此大家总有诸多猜想，因为公众能够接触到的有关信息或公开的信息非常有限。极端条件下的情绪传染提供了一片研究的沃土，让我们能更清楚地了解日常生活里的情绪传染。在极端环境下研究一个现象，理解其丰富的本质内涵，这种研究方法称为畸形学。这个拗口名词的含义是：通过研究奇怪、荒谬和"非同寻常"，我们才能更好地理解正常情况。

比如神经科学家为了更好地理解人类大脑的功能，长期运用超精密的医学成像仪器，研究那些"不同"的人，其中包括反社会分子、连环杀手、染色体和基因疾病患者、自闭症患者等，有时在他们去世很久以后研究仍在进行。畸形学研究最著名的案例是对菲尼亚斯·盖奇（Phineas Gage）的研究。盖奇是美国铁路工人，平时安静，待人友善，却一夜之间变得令人厌恶、好斗、粗俗。他在工地工作时，一根重 6 千克、长 1.1 米、直径为 0.03 米的铁撬杠从他的脸穿入大脑额叶下方，落在他身后 20 多米远的沙子中。盖奇活了下来，但自此他的身心却变得像野兽一般，和之前判若两人。

后来，盖奇的头骨被保存在哈佛大学华伦解剖学博物馆里。几年以后，很多神经科学家，比如达玛西奥夫妇和麦克米伦用 3D 模型呈现了盖奇的大脑在铁撬杠穿过时受到的损伤。根据一些已经提出的理论，3D 建模能更好地理解人类大脑的超能力，特别是快速恢复某些心理功能或情绪思考的能力。

同样还是畸形学研究方面，宇航局想破解人类身体的奥秘，把人送进太空的极端环境中。就拿法国宇航员托马斯·佩斯凯（Thomas Pesquet）的例子来说，在收银台就听到过有人讨论："为什么宁愿付出生命的代价也要把一个人送到太空？"以下就是答案。

在太空中，法国国家健康与医学研究院（Inserm）在佩斯凯身上进行了一系列特殊试验，尤其是针对动脉老化。在宇宙中，佩斯凯的身体老化的速度加快。动脉和静脉在微重力条件下 6 个月的老化程度，相当于在地球上经历的好几年。有了在宇宙中收集的珍贵数据，人类就有可能更好地预防地球上各类心脑血管疾病——要知道它们可是头号致死疾病。同时，研究宇航员在宇宙中的不适可以让人更好地了解晕车现象并在未来找到治愈方法……

无须赘述，相信你已猜到，我将要研究极端条件或特殊人群的情绪感染现象，比如在宇宙飞船里、高度紧张的交易室、空难、珠峰之巅、黑豹突击队的谈判幕后、重罪法庭里的审判席……我们会从中学到对日常生活大有益处的知识。

随后鲁汶大学的莫伊拉·米科拉伊扎克（Moïra Mikolajczak）博士会给你一把进入"情绪传染隔离舱"的钥匙，告诉你如何在与一个或多个人接触时，免受有毒情绪传染。

在本书的后半部分，我邀请了法国电视台纪录片《自然英雄》的制片人娜塔莎·卡雷斯特雷梅（Natacha Calestrémé）、认知科学研究员纪尧姆·德兹卡诗（Guillaume Dezecache）和动物爱好者布里吉特·莱尔（Brigitte Lahaie），帮助我理解不同物种之间是否也会出现情绪传染。"动物传染病"会通过触摸、呼吸、食物或蜱虫叮咬在人和动物之间传播。那么，动物是否也会把它们的好情绪和坏心情传染给人类呢？因为很多动物现在都被认为有一定的智力水平，能够"感觉"到快乐、不快乐，那么它们是否也能感受到更为复杂的情绪？我将之称为"人畜传染"。

本书的末尾，还有其他惊喜等待着你。

失重的情绪

"迷失在地狱般银河系的英雄啊，他的名字叫鲍勃·莫兰（Bob Morane）[1]……"

听到这句，我们想到了"鲍勃"·克里彭、"鲍勃"·帕克、芭芭拉·"莫兰"、安德烈·"莫兰"这四位英雄[2]，有人可能会说他们才是真正的明星。每次他们回到地球，尤其是回到他们的祖国时，媒体狂热的跟踪报道就是证明。或是他们在太空的表演，比如加拿大宇航员克里斯·哈德菲尔（Chris Hadfield）在失重状态飘浮时，还手拿吉他，弹了一首大卫·鲍伊（David Bowie）的曲子，该视频在网站上点击量达数百万次。宇航员在地球大气层外的非凡探险充实了我们的想象，也让他们有了英雄的光环。他们成了太空偶像，就像所有偶像一样，被人们赋予了不同于常人的超能力。下面就请这些冷静的现代巴亚尔骑士出场。

宇航员是无所畏惧的完美英雄？

帕特里克·鲍德雷（Patrick Baudry）似乎证实了这一点。作为第二个登上太空的法国宇航员，他对我说："我很小的时候，就能控制自己的情绪，

---

① 《鲍勃·莫兰》是比利时小说家亨利·凡尔纳创作的探险故事，随后被改编成电影、动画片等。

② 这四位英雄的真实名字分别是罗伯特·劳瑞尔·克里彭（Robert Laurel Crippen）、罗伯特·帕克（Robert Parker）、芭芭拉·摩根（Barbara Morgan）、安德烈·托马斯（Andrew Thomas）。因名字发音类似，作者将小说与现实中的人物进行了联想。

我也从没感觉到过害怕。"他又解释道："你知道，情绪之类的东西，我不是很喜欢。"这些话符合鲍德雷的冒险家形象。据说，鲍德雷在登上"发现号"航天飞机时，头戴巴斯克贝雷帽，手拿着一瓶波尔多葡萄酒，胳膊下夹着一根法棍面包，表现出自信、力量感和对局势的完全掌控。奇怪的是，他竟让人想起了尤塞恩·博尔特（Usain Bolt）[1] 赛跑前的姿势。"胜利者"的姿势本身并不让人意外，因为宇航员们经过训练，能运算、探测、实验和探索宇宙，所以他们在面对挑战时似乎不怎么受到情绪上的冲击。

让我们仔细看看他们是如何做到这一点的。

首先，他们都有扎实的学术背景。以克洛迪·艾涅尔（Claudie Haigneré）为例，她的绰号是"Bac +19"[2]，拥有医学博士学位和神经科学博士学位。除了学术要求是先决条件，宇航员还要经过长期艰苦的训练，容不得半点儿侥幸。大家可能还记得电影《洛奇4》里肌肉发达的俄罗斯拳击手伊万·德拉戈（Ivan Drago）为对战洛奇·巴尔博（Rocky Balboa）时所做的准备。德拉戈的扮演者是演员杜夫·龙格尔（Dolph Lundgren），学历高，身材好，智商高达160。所以说智慧和美貌并非不能共存。

设计合理的密集训练让宇航员们在极其精密的技术仪器的帮助下，能在失重状态下移动身体，适应太空舱的狭窄空间，在太空中完美地完成顶尖的科学实验。严格的身体训练与心理训练，让他们有完美的表现。最后，宇航员们拥有了运动员一样的身体和逻辑清晰的理性头脑，我必须要研究一下如此非凡的人。

---

[1] 尤塞恩·博尔特（Usain Bolt），1986年8月21日生于牙买加特里洛尼，牙买加跑步运动员、足球运动员，2008年、2012年、2016年奥运会男子100米、200米冠军，男子100米、200米世界纪录保持者。

[2] Bac是法国高考，Bac+19表示在高考后又完成了19年的学习。

我们的情绪，隔着光年

超人也是有情绪的

让－弗朗索瓦·卡瓦略（Jean-François Clervoy）执行了美国国家航空航天局（NASA）的三次太空任务，其中最后一次是在 1999 年。他似乎很符合超人宇航员的形象，能够在任何情况下都保持冷静和分析力。

他向我解释说："对于新手来说，我们的工作环境简直压力爆棚。把一般人送到那么高的地方，就是灾难，恐怖程度不亚于《女巫布莱尔》①。因为有很多奇怪的声音、航天飞机里和空间站里到处都是闪着光的按钮，容易让人陷入焦虑。再加上失重、孤独，且未经训练很难在太空环境下入睡，这一切可能会变成一场噩梦……但这一切对训练有素的宇航员来说就不一样了！"

普通人和宇航员之间的差距就这样拉开了……他继续说：

---

① 《女巫布莱尔》（英语：*The Blair Witch Project*，又译为《厄夜丛林》《死亡习作》《布莱尔女巫》），是 1999 年上映的低预算美国恐怖电影。——译者注

"其实在宇宙中很少出现集体恐慌，因为宇航员都是训练有素的、有思想的'机器'。我们花了成千上万个小时，考虑到了可能面临的所有情况，包括最糟糕的灾难，几乎没有不确定和存在怀疑的空间。即便是在发射时，在团结一心的团队中，我们感到自己自信得就像'超人'。因为我们知道，地面上的工作人员都是非常聪明的人，会细心尽责地控制一切。1986年爆炸的'挑战者'号航天飞机或其他宇宙飞船坠毁的画面，不会进入我们的脑海。其实，我认为'超人'的姿态是抵御恐惧、焦虑等消极情绪的一级防火墙。这些情绪可能会让人动弹不得。我们对宇宙飞船上的一个小螺栓都了如指掌，在模拟器中的训练也给了我们面对异常情况的底气，保护我们免受负面情绪毒害。恐惧是因为未知，如果我们未经训练就去执行任务，也会感到恐惧。"

他又思考了几秒钟，才说：

"我认为这种'超人'姿态能把消极情绪过滤掉，把积极情绪留下来。让人在宇宙中感觉很强大，感受到喜悦、自豪、惊叹等积极情绪，这些对团队的正常运转至关重要。"

一扇门缓缓打开，于是宇航员可以在航行时感觉到和分享一点点积极的情绪。我不否认，在宇宙中积极情绪的传染确实存在，且非常引人注目。但我不确定焦虑和恐惧等消极的情绪是否无法穿透某些"超人"宇航员厚重不适的宇航服。

帕特里克·博德里（Patrick Baudry）含蓄地说：

"我见到过有些试飞员或宇航员，他们非常情绪化，无论是地球上还是在太空里，都需要被安慰、支持、分享或好或坏的情绪。"

宇航服能在真空和极端温度下保护宇航员，但不一定能保护他们免受其他因素的干扰。

让我们尝试对一名执行太空任务的航天员的心理轨迹进行跟踪，按时间顺序了解其情绪的变化，以便进一步深入挖掘超人宇航员的主要特征，也看看特定的环境是否多多少少会改变其心理。

为此，我采访了让－雅克·法维尔（Jean-Jacques Favier），他是进入太空的第 6 个法国宇航员。1996 年，也就是被法国国家空间研究中心（CNES）选中后的第 11 年，他登上了从佛罗里达州肯尼迪航天中心发射执行 STS－78 任务的哥伦比亚号航天飞机。他与其他 6 名宇航员（5 男 1 女）在太空中度过了 16 天 21 小时 48 分钟。作为欧洲空间局评审委员会颇具声望的委员，他同意让我们感受一下宇航员的内心世界，了解他们为什么会在飞行前感到恐惧。这可是罕见的曝光。

情绪，触不可及？

"经历漫长的数月的高强度训练后，宇航员们终于迎来了最后时刻。"让－雅克·法维尔描述说，此时他和其他宇航员们被置于一个"气泡"中，保护他们免受外界干扰。

"发射前 15 天，我们处于被隔离状态，以防身体或心理上被其他人传染。我强调这一点，因为我们必须完全避免他人把病毒或有害的'波'传给我们。于是我们在一个封闭的无菌保护罩中，尽可能与外界隔离开。有时我们会在技术设备上进行模拟操作，但身边都有保镖开道，工程师在 10 米之外。按 NASA 的话来说就是，让全体宇航员处于'不可触碰'的模式下。"

让宇航员待在与外界隔离的气泡中是将其英雄化的开始。法维尔认为："我们的处境有点儿奇怪，第一次感觉自己就像是拍摄记者无法靠近的好莱坞明星一般。无论走到哪里都能感受到人群崇拜的目光，但他们距离我们相当远，以保护我们的免疫系统和心理。很快，我们和其他人之间就竖起了物理和心理的壁垒。几个月，甚至好几年我们都见不到朋友亲人。"

所以美国国家航空航天局走廊的墙壁上就张贴着团队中 7 个宇航员的照片，下面用英语写着"触不可及"，意思再清楚不过。

但宇航员们的情绪真的是触不可及吗？

发射前夜

发射前夜，宇航员可以见家人和朋友最后一面。

法维尔说："真的就像电影《阿波罗 13 号》里演的那样，我们可以让自己的家人、亲友和珍爱的人来看我们。这很重要，特别是对我这样的外国人来说。为了准备完成项目，我背井离乡、远离家人，在美国待了 5 年。"

但见面时有点儿奇怪，就在著名的 39B 发射台。航天飞机就在宇航员身后，燃料仓已半满，到处都是雾气。身着蓝色连体服的宇航员们乘坐小巴士到达现场并下车。法维尔如此描述此刻：

"你们对面有 100 多人，其中有 5~7 人是你邀请来的家人、朋友。他们在一条大沟的另一边，你们之间的距离有 20 多米。你很难认出他们，也无法靠近。此时，大家的情绪都很激动。

然后你试着和他们说话，有点儿像在会客室一样。7 名宇航员一个挨一个站在一边，只有喊得最大声才能被听见。

在你的对面，是那些你好几年都没见过面的家人。他们非常激动，你不知道要对他们说些什么，他们也不知道如何回应。但四目相对，一切尽在不言中。身体的动作和几乎看不清的面容，传递着情绪，让你的心中激起千层浪。从心理学的角度来看，情绪的影响非常大。很多宇航员都哭了。涌出的热泪打湿了我的面颊。我们的情绪都是那样激动，想要压抑都是枉然。我还记得当时既因要离开亲友而悲伤，又因即将完成儿时的梦想而喜悦，这种情绪的摇摆很奇怪。好在这种状态很快就结束了，我也消除了不稳定情绪的感染，恢复了从容平静。"

发射日

"这是事关重大的一天，稍有不慎就会酿成灾难。"法维尔继续说，语气严肃。

其实在航天飞机发射前，一些宇航员的脑海中会闪过一些画面。比如1986年"挑战者号"航天飞机在升空后73秒时爆炸，机上的7名宇航员都在该次事故中丧生。不是所有人都承认会想起这场灾难，他们会说现在航天飞机坠毁的风险几乎为零。但很多人在第一次采访结束后几天悄悄对我说，他们在发射那天，坐在自己的位置上时还是会想到之前的事故。理性并非总是占上风。

一个刻薄的问卷似乎让这值得庆贺的一天又蒙上了阴影：

"发射那天我们起得很早，NASA让我们做测试。气氛沉重。"法维尔对我说，"航天局让我们填写一张调查问卷，了解我们是不是交了税，说不定我们再也回不来了。在几个月前，他们还采集了我们脚掌的照片。脚趾尖的电子照片中含有脚趾表皮指纹的特征信息，如果我们和航天飞机一起燃为灰烬，电子指纹可以辨认出尸体残骸。要知道，宇航员脚上穿的是坚固防火的太空靴，脚是他们全身上下武装最严的地方。测试内容还包括填写各种奇葩的行政类表格，采集掌纹等。这些肯定会让人不时产生一些消极的想法。"

关于宇航员有个恐怖的传言，宇航员的行话里幽默地把太空舱比作"棺材"，据他们说是因为"里面空间很小，万一出了事故真可以当棺材用！"

历史上发生过的航空事故也会萦绕在宇航员脑际。1969 年 7 月 18 日，距离尼尔·阿姆斯特朗（Neil Armstrong）和巴兹·奥尔德林（Buzz Aldrin）乘"鹰号"（执行"阿波罗 11 号"任务）登月舱在月球表面着陆的三天以前，美国总统尼克松考虑到宇航员们可能再也无法回到地球的情况，命人撰写了一份悼词。悼词情真意切，引用如下：

> 命运注定这两位登陆月球进行和平探险的人将在月球上安息；两位勇者知道返航无望，但也知道其牺牲将为人类带来希望。他们为人类探求真理的最崇高目标捐躯。他们将被亲友、国家、世人哀悼，更会被敢于将子民送往未知境地探险的大地之母地球所哀悼；他们的探索，让世界人民感觉亲如一家；他们的牺牲，更加坚定了人类的兄弟情谊。在远古时代，人们遥望星空，在星座中找到他们的英雄；在现代，我们同样探索太空，但我们的英雄是有血有肉的伟大人物。其他人会继续阿姆斯特朗和奥尔德林的脚步，并且一定能找到回家的路。人类的探索不会停止，但他们两位是先行者，也会是我们心中永远的先行者。因为每个在夜空中遥望月亮的人都会知道，在另一个世界的某个角落，永远有人类存在。

尼克松还想到，在演讲前要先打电话给阿姆斯特朗和奥尔德林的妻子，紧接着 NASA 会切断与困在月球宇航员的通信，随后将宣一位牧师为他们诵读主祷文，就像找不到尸体时的海葬一样。

想到这儿，宇航员们面对命运考验的时刻到了。法维尔叙述离太空舱还有几百米时肾上腺素飙升，激动得就像体育评论员在播报最后一个山口弯道赛段的情况。

"我们终于获准离开卡纳维拉尔角航空基地。走出封闭基地时，最后一次受到人们列队致敬的优待。所有人都穿着橘黄色的连体宇航服，手里拎着一个手提箱（宇航服的另一个温度调节系统），就像伦敦金融城的银行家，只是银行家的西服没有这么重，也不会是这个颜色。我们走向 20 世纪 60 年代生产的铝制外壳小巴士（NASA 最早开始航空发射时开始沿用至今），小巴士会把我们带到火箭发射台脚下。人们经常说有些地方是有故事的，让人触景生情，这个小巴士就是典型。

人类开始征服宇宙之初，所有我心中的偶像都曾坐在这个小巴士里。从美国首位环绕地球飞行的宇航员约翰·格伦（John Glenn）开始，我们所有人脑海中都浮现出很多前辈的样子。坐在车里的前 5—10 分钟，整个团队都充满了特别强烈的正面情绪。大家脸上带着灿烂的微笑，到处回荡着喜悦的尖叫。我已耐心等待了 11 年，终于等到了这一天。你们想象一下那种轻松的感觉吧。"

给我讲这段的时候，我能感觉法维尔又体验到了那种尘封的情绪。他连珠炮般的声音完美地表现出他当时的感受。小巴士行驶了几千米后，气氛变了。下半段路上，大家的脸色变得阴沉。

"兴奋、骄傲、惊奇变成了焦虑和压力。有经验的宇航员给需要安抚的新手一些建议。越是接近发射台，大家就越紧张，手心出汗，心跳加快，忧郁的眼神不经意间交会……是的，焦虑正在车中迅速蔓延开来。从此刻开始就再没有回头路，必须集中精力了。"

巴士到了终点，司机打开门让所有人下车。

"脚踩在发射台下的土地上让人激动不已：面前垂直耸立着的是航天飞机，下面是为助推器提供所需动力燃料的巨大外贮箱。平时模拟训练的时候，这里总是人头攒动。到了发射日，却一个人影也见不到，真让人忐忑。再加上考虑到航天飞机有爆炸的风险，而最近的营救站在5千米以外。也就是说，如果出现故障只能靠自己。无论训练时研究过多少遍各种可能发生的情况，特别是'挑战者号'的案例，一到现场情况还是不一样。此刻，我们感到害怕。"

在登上火箭顶端之前，宇航员们还要进行一个小仪式。法维尔说：

"按照惯例，我们要在发射台绕航天飞机一周，确认一切都好。认为这样做会带来好运。其实并没有特别的原因，只是在心理上能让大家团结一心，感觉到集体的力量。"

绕完圈后，宇航员们进行最后一项仪式，认为"摸航天飞机的尾部可以带来好运"。随后他们乘坐高塔里的电梯，升至80米高的平台上，进入航天飞机。

说起那天，法维尔仍然激动不已："在那个高度，可以看到大海和发射指挥部。发射那天，天气晴朗。在平台上有3个我们熟悉的白衣工作人员。因为我们身上的装备重达40千克，无法像舞蹈演员那般灵活，很难进入航天飞机内。我们在工作人员帮助下依次进入舱内，坐在和地面垂直的座位上。"

没有一点儿声音，所有人都集中精神，耐心等待。法维尔是有效载荷专家，最后一个进入舱内，坐在靠近舱门的地方。他等了足足一个多小时，在他之前入舱的人才缓慢进入中舱，被白衣工作人员牢牢固定在座位上。

"一个画面闪过我的脑海，此情此景好像在精神病院里，医生们把精神病人捆起来，关在独立的房间里。我怀疑我们是不是都疯了！"

法维尔继续说：

"我突然发现在露天平台上只剩下我一人，这个状态持续了10多分钟。当时时间和理智都开始模糊。没有开始，也没有结束。为了不让大脑继续放空，我注视着远处的发射指挥部，试图在那前面的空地中找到我家人的身影。

我从高处看到冒烟的航天飞机，想到我的亲人。我盯着背后的电梯一直看，脑中突然出现一句话：如果你想逃跑，现在就是最后的机会，后面可就太晚了！就像第一次蹦极的人在起跳前由于害怕，吓出一身冷汗，恐慌不已。几分钟后，我对自己说：别胡思乱想了，不要向恐慌低头！"

恐慌的情绪留在了地球上。

所有人都进入舱内坐好后，又等了一个多小时。但在这熬人的等待期内，NASA 努力转移我们的注意力，好让我们忘记自己正坐在火药桶上。我们一直和指挥部保持着联系，他们让我们一会儿检查这个，一会儿检查那个……我们都是控制程序里的一部分，要知道指挥部工程师们的电脑屏幕都可以远程监控舱内的情况，并不需要通过我们来了解……

发射！

"发射！"

航天飞机在火箭的推动下即将升空。

在此阶段，因为一切都是自动的，航天员什么也不需要做，只需回忆在航天飞机出现故障时的 8 个逃生技巧。"我们早已熟记在心，尽管在训练时已经重复过无数次，NASA 还是给我们准备了逃生步骤小卡片，即便在有压力时也不会忘记……最后一个逃生步骤让人焦虑：如果出现'挑战者号'遇到的事故，我们要在航天飞机爆炸前跳伞。但我们很清楚，如果出现这种事故，我们连出都出不去！"

对于死亡的恐惧很快就被航天飞机升空带来的刺激取代。火箭发动机释放出所有的能量，让这几吨重的铁家伙摆脱了地球引力。超重状态下的宇航员被紧紧压在座位上。升空时宇航员的负载稍高于 1g[①]，上升的某些阶段达到 3~4g，特别是各级火箭分离和燃料减少的时候。但因为宇航员身着抗荷服，超重对其身体的影响很小。法维尔告诉我们这也得益于宇航员平时的训练：

"4g 环境下就开始感觉相当重了。通过在离心机里的训练，我们可以承受 4g 的负载并坚持几分钟，这可能已经是很长的时间了。人感觉要被压碎一般，好像有两个人坐在你的胸口。"

除了超重，发射时最让法维尔惊奇的是"地球上的模拟器都不会产生振动"。

"在我们垂直的座位上，可以感觉到低频的振动。我们的座位振动并移动了几厘米，真令人震惊。从工程师的角度考虑，那是航天飞机在螺旋上升时在超重状态下变形。此时你会对自己说：但愿一切顺利！"

但和之前一样，宇航员们还没来得及焦虑，航天飞机就依次与推进器和外贮箱分离。又过了一段时间，飞行器被释放。

"升空后 8 分钟 20 秒，飞行器进入预定轨道。我们切断动力，此时处于失重状态。任务开始啦！"

失重

"女士们，先生们，欢迎进入太空轨道！"

特伦斯·T. 亨里克斯（Terence T. Henricks）[②] 对进入太空的法维尔和其他宇航员说道。

---

① 1g 是地面标准重力环境。——译者注

② 美国宇航员，多次执行太空飞行任务，包括 STS-78 航天飞行任务。——译者注

　　"发自内心的欢呼声在航天飞机内响起，欢乐的情绪蔓延开来。经过多年的等待，我们终于进入了太空轨道！指令长亨里克斯像乘务员一样对我们说，可以解开安全带了。一离开座位，我移向舱门的小舷窗，透过直径约25厘米的防紫外线过滤镜，从太空俯瞰地球。真是令人难忘的一刻。我记得非常清楚，我们当时在非洲上空，非洲大陆从我眼前划过。我第一次对自己说：'伙计！这次不再是模拟器，你在真的航天飞机里！'

　　"最初的几分钟，体验失重状态的喜悦唤醒了我们心中沉睡的小孩。很多人开始旋转、扭腰，就像即兴而起的狂欢派对，只是少了酒和电子音乐。头一会儿朝上，一会儿朝下，手舞足蹈就像疯小孩。但要小心'晕太空'。一半宇航员都会晕太空，甚至最有经验的宇航员也不例外。好多同伴很快就晕了！

　　"我知道自己不能被喜悦冲昏头，压住了自己想要尝试三周跳的冲动，保持着头在上、脚在下的姿势。从中舱到驾驶舱时，我还是像在地球模拟器训练时一样，扶着梯子移动，避免头朝下。我都没想到自己能保持这种姿势两个小时，然后没有晕太空的我就开始像其他人一样在航天飞机里游来游去。这太棒了！"

　　法维尔乘坐的这艘著名的航天飞机现在已不复存在。和现在宇航员驻留的国际空间站相比，它的空间非常小，不可避免地增加了宇航员之间出现情绪摩擦的可能性。

　　"国际空间站非常大，增压区有效容积400立方米。即便是有6个人在里面，每个人都可以在'私密'的舱里单独待上几个小时。这种情况极少，但还是有的。在航天飞机里，就是一个人挨着一个人，在实验舱、中舱、驾驶舱和主要通道之间移动。基本就像在一个能容纳6人的房车里，只是我们当时有7个人。6男1女，整整3周都要每天24小时在一起！我们都有强烈的禁闭感。睡觉时，每个人都只有很小的一点儿地方。当然，进入太空的喜悦难以言表。但要承认，很快不方便之处就显现了出来……"

为了说明这一点，法维尔给我举了一个共用厕所的例子。

"上厕所时很难有一点儿私密性。中舱里的一个小帘子后面就是厕所，同时中舱也是我们吃饭、睡觉的地方。除了没有隔音，航天飞机里的厕所令人不适之处在于臭味很快就会在舱内弥漫。而且在开始的几天，一些人在失重状态下打完滚就呕吐。其他人一闻到呕吐物的味道胃也开始翻江倒海。恶心也是会传染的，我可算是体验过了！所以开始我们都害怕厕所被堵。要是两周都不能用厕所，那可真是灾难。这种情况在其他任务中就出现过。"

除了和"后勤"问题有关的情绪，还有宇航员互相之间的人际关系及性格有关的"社会"情绪。法维尔经历的此次太空任务相对简单、安全，团队成员比较团结，没有大的争吵。但他执行其他太空飞行任务时就出现过情绪冲突。

"当时航天员们需要解决重要的技术问题。不出几分钟，团队成员间的平静和默契就消失了，大家开始互相指责，愤怒和失望的情绪折磨着所有人，对任务的执行产生了非常消极的影响。再加上地球的指挥部也被卷了进来，双方隔着太空吵吵嚷嚷。"法维尔接着说。

"宇航员团队和地球指挥部之间的关系有时会变得紧张。我们也时不时会和休斯敦约翰逊航天中心有摩擦。我感觉不悦的情绪经常是自下而上的——负面情绪的源头正是地球。

"原则上来说，没有地球指挥部的同意，我们无权擅自改变操作程序。所有的程序都被严谨地写在手册上，很不灵活，就像不到17岁的青少年晚归要经过家长同意一样。地面指挥部观察、监视、追踪着宇航员的每一个动作，用遥测装置实时测量所有的指标，可以看到宇航员的一举一动，听到宇航员的一言一语。如果比时间表晚了 3 分多钟，指挥部就会提醒你听从命令，而你非常清楚自己要做什么。这让人很不爽，而且还要不停地集中注意力听耳机，好像聚精会神地听一个至高无上的人物指挥发令。"

　　为了变成一个大人，青少年们会决定摆脱约束，反抗父母，和他们对着干。宇航员为了变成真正的太空冒险家，会违抗地面的命令吗？

情绪的最大值

星际体验，好似回到子宫

进入一个轨道空间站，比如俄罗斯的"和平号"空间站或国际空间站，局促的居住空间带来的消极情绪就被诗意和积极的情绪替代。

2016 年 12 月 2 日，《巴黎人报》杂志上发表了托马斯·佩斯凯的宇航日记节选：

> 我在这里！多么令人难以置信的感觉！我终于登上了地球 400 千米外的国际空间站（ISS）。我和两位同事——美国宇航员佩吉·惠特森（Peggy Whitson）及俄罗斯宇航员奥列格·诺维茨基（Oleg Novitskiy），一起把航天飞机停靠在国际空间站，松了一口气。经过两天多的旅行，我终于可以走出只有 2.5 米长的狭窄机舱。还要承认，我已经迫不及待地想要去空间站里一探究竟，在这里我将度过 6 个月的时光。当我们打开隔舱进入空间站内时，激动的情绪涌上心头，但我没有流下喜悦的泪水。我特别高兴，但还不至于流泪。

就算我幸福到要流泪的程度，我也不会哭。这不是我的风格。

在佩斯凯之前，其他的法国宇航员也进入过空间站。特别是来自欧洲航天局（ESA）的宇航员米歇尔·托尼尼（Michel Tognini），他在 20 世纪 90 年代执行了两次太空飞行任务。他同意通过电子邮件和视频与我联系数月，并寄给了我这封动人的信，信中写出了他在"和平号"站期间内心深处的感受。他用自己的语言向我们毫无保留地解释了他在太空里受到的情绪传染。

1992 年 7 月 27 日，我终于乘坐"联盟号"飞船进入了太空。我们一共有 3 人，"联盟号"是俄罗斯的一艘小型载人飞船，最多也只能载 3 人。指令长阿纳托利·索洛维约夫（Anatoly Solovyev）和飞行工程师谢尔盖·阿夫杰耶夫（Sergueï Avdeev）和我一同执行的名为"心大星"太空探险任务。我们的目标是进入"和平号"空间站，进行为期 14 天的一系列科学实验。亚历山大·维克托连科（Alexander Viktorenko）和亚历山大·卡莱利（Alexander Kaleri）两位宇航员已经在空间站里生活了 6 个月，等待着我们的到来。任务一结束，我将与他们一起返回地球。

情绪激动的时刻 1

我独自体验到的第一个强烈的情绪，是当我贴在"联盟号"的舷窗上，看飞船与空间站"对接"。空间交会对接是指两个载人航天器连成一个整体。

在此之前，我们已经在"联盟号"中待了两天，没怎么睡觉。想象一下，你在沙丁鱼罐头般狭窄的空间里，一个挨着一个，又是第一次进入神奇的宇宙，什么也不想错过。在这样的环境里，怎么可能睡得着？

对接时，我们以 28 000km/h 的速度向空间站靠近，同时空间站也以相同的速度移动。目标是以 0.3m/s 的相对速度撞向空间站的对接轴。速度很慢，以防错位。

从飞船中间的小屏幕看，空间站在离我们大概 10 千米的偏右上方。我透过身旁的右舷窗发现了"明暗界线"上空的"和平号"空间站，也就是正好在地球日夜接替的时刻。眼前的景象比北极的晨光或地球上的金秋时节更令人惊艳：明暗界线上空的一切都被染上了金色。此时我发现了我们将要居住的空间站，它是一个在各个方向都有天线的庞然大物，一些宇航员后来称其为"蜻蜓"。

对于《星球大战》的粉丝们来说，金色的空间站和电影里 C-3PO 机器人是一个颜色。空间站看起来似乎静止在太空中，因为我们在其下方以相同的速度飞行，所以不太能看到滚动的地球。金色静止的空间站似乎有种魔力。这就是我在超自然的难忘宇宙中的第一个情绪感受。

情绪激动的时刻 2

发射后 49 小时，飞船与"和平号"空间站成功对接，我和同伴们都进入了空间站内部。我在失重状态下飘浮，就像潜水时身体完全平衡的状态。这是一种令人愉悦的感觉，很快就变得自然而然，让人想起了曾经有过的感受。更进一步地说，我真的相信宇航员的心理和情绪就像婴儿一样。我在"和平号"空间站里就像回到了母亲的肚子里，有种被保护着的平静感觉。母亲所有的情绪体验都会传给胎儿。如果母亲感觉愉悦积极，胎儿就会受益。在空间站里也是同样，如果集体生活气氛融洽，你就会从中受益。我们都有同样强烈的幸福感，感觉飘浮，像回归母体。在太空待了几天后，有一次我在饭桌落座前，竟然来了个原地旋转。动作是那么自然，我自己也很惊讶。

现在觉得"和平号"空间站就像一位母亲，怀中抱着我们 5 个宇航员。我们感觉并分享着非常积极、真实、真诚又自然的情绪，就像一种孩童的快乐。我们就像一个人，没有客套、禁忌，或限制情绪自由流动的社会规则。在太空中，所有的声音都是那样的真实，所有的情绪都是"合理"的。我们 5 个人有时不说话都能互相理解，我们的心脏以相同的节奏跳动，行动时步调一致。我的话可能有点儿像《治愈世界》①，但我写下的就是当时的感觉。

情绪激动的时刻 3

我们的太空飞行充满着欢乐。欢乐就写在亚历山大·维克托连科的脸上，他工作时像疯子一样唱着歌。然而他必须准备乘坐"联盟号"飞船返回，把 6 个月的记忆和体验打包放在"联盟号"的小行李架上（大约只能放 50 千克）。

大家各司其职，彼此配合，一切顺利，没有人在里面打架或争吵。好像一场排练过的失重芭蕾。吃饭时我们坐在空间站里唯一的桌子周围，用餐的每一刻都是我们像孩子一样欢笑赞叹的时刻。失重的我们在幸福的海洋里遨游。

情绪激动的时刻 4

在空间站内，所有的感觉都增强了 10 倍，这是另一个惊喜。可能是由

① *Heal the World* 是迈克尔·杰克逊的一首歌。

于太空中大脑充血，也可能是因为群体和个人的欢乐感受，或二者兼而有之。经历探险的快乐，有点儿像去过波拉波拉岛或发现南极洲处女地景致的人。每一刻体验都淋漓尽致，就像是最后一刻。

为了维持我们的感官，从而唤醒我们的一系列基本的情绪，我们需要自我满足。以嗅觉为例，我们在空间站产生了一种强烈而无法压抑的"闻味"需求，就像找松露的犬或小说《香水》里的主人公。而不幸的是空间站里面什么味道都没有。宇航员们带来了装有山脉、泥土、干草等气味的玻璃管。有时我们三四个人围在一根管子周围，就像围在水烟或大篝火边的人一样。我们吸走了玻璃管里的所有气味，鼻孔大开地闻着地球的味道。"副作用"马上显现：大家都感染了积极的情绪，快乐写在每个人的身上——放松的肌肉、会心的微笑，带着笑意的眼神和友好的拍肩……

我们的另一种感官上瘾是视觉上瘾。我带了电影《碧海蓝天》的DVD。当我们一起看时，身上都起了鸡皮疙瘩，感觉到强烈的情绪。密封的太空舱里情绪又被放大了10倍，金属隔板隔开的增压舱就像情绪的共振箱，放大着每一种情绪。

情绪激动的时刻5

我在"和平号"上的角色之一是一个带着红鼻子的"暖场"宇航员。我试图向其他人传递积极的情绪，振奋士气。比如有一天，我们拿出一套宇航服，并在上面装了狂欢节面具。然后我们连接电视信号与地面团队通信。我们稍微让图像变模糊了一些，让地面指挥人员以为我们一共有6个人，而不是5个人。大家爆笑！

甚至有时候，大家不需要我也会大笑。比如有一天，经过了一星期的飞行，我们5个人围坐在桌子旁，一个宇航员突然就吐了。我惊奇地看到呕吐物水平喷射出来（是的，我们一直在失重状态！）。大家还以为是吐火表演，只是吐出来的不是火！后面的清理工作就不那么好玩了，我们好几个人花了两个小时，才把缝隙里的呕吐物清理干净。

情绪激动的时刻 6

说"再见"的时间到了。和我一起来的同伴阿纳托利和谢尔盖将继续留在"和平号"上，亚历山大·维克托连科、亚历山大·卡莱利和我乘"联盟号"飞船返回地球。我们刚走出"和平号"就进入了黑暗之中。有点儿飘浮，无线电也没有声音。随后，"联盟号"飞船里响起了谜乐队①（我是他们的粉丝）《新世纪》专辑上的音乐，播音乐的DJ就是我的两位留在空间站的俄罗斯宇航员朋友。我眼含泪水，想象着他们在我背后微笑，想办法开玩笑逗我开心。尽管我看不到他们，但我能感觉得到他们的情绪。

---

① 德国乐队 Enigma，又译为英格玛乐队。——译者注

难以适应的落差

返回地球

一位蒙古宇航员曾经说过："离开'联盟号'就像被母亲从肚子里生出来。"我们又离开了"联盟号"，这次分娩也是剧烈和痛苦的。结束了飘浮，结束了幸福的感觉。继续受地球引力吸引，托着沉重的身体，面对变幻莫测的世界，看电视新闻的报道……

从天上到地下，情绪如过山车一般，很难适应。一些宇航员难以承受突然的情绪变化，拼命想重温在太空里的感受，简直是白费力气。人要学会告别过去，做点儿其他事情。心理上无法放弃过去的人，会为此付出代价。

我从自己的经历中汲取能量，经受住了困难的考验。我 35 岁的时候，因为健康原因，被认定无法服役。当时我深受打击，感觉天都塌下来了。宇宙探险就只能停留在电影里，无法变成现实。我感觉到愤怒、悲伤、厌恶……总之就是状态很糟。当时，通过有规律的锻炼、阅读，找回积极情绪的源头（家庭、朋友等），我走了出来。

太空飞行任务结束后，我也使用了同样的方法，保持良好的精神状态。

一开始，我也想通过催眠重温在"和平号"空间站里那种强烈的幸福感。我试了两三次，但并没有成功。我不是个敏感的人。

现在已经过了 17 年，我一直克制自己不要"想重温在太空的感觉"。

艰难适应

卡瓦略说："即将飞入太空好过曾经飞过太空。"从失重到地球引力的过渡困难又痛苦，而且这种痛苦不仅是身体上的。宇航员突然失去了身处太空时那种强烈的幸福感，就像他们突然和养育自己的母亲分开。在此情况下，空间站就是他们的母亲。显然这位母亲不是有机生物体，但令人惊讶的是，在卡瓦略看来，"它是我们的延伸。这样说很奇怪，但宇航员和飞船好像是同呼吸、共命运的一个有机整体。航天员的心肺与航天飞机的仪表板协调一致地运转：人飞船，一个新物种诞生了（笑）！因为我们在太空一起分享了很多积极的情绪，飞船已成为我们的一部分。它非常懂我们，了解我们的感觉和精神状态。这很难描述，但就像你到了一个地方，那里散发着幸福、宁静和善意。国际空间站虽然外表是单调冰冷的金属，但里面记录着多年来各批宇航员的欢声笑语和快乐的时光。空间站里散发着积极的情绪，当你飘浮其中时就会无意识地被感染。随处可见的物件，承载着 15 年来前赴后继的宇航员们的回忆，让人产生强烈的感受。"

在地球上想要寻找在太空中感觉到的幸福，都是白费功夫。很多人试图通过从事极限运动或责任重大的工作来重温那种遗失的感觉，最终都失败了。有了极致的体验后，在无意识的比较下，其他的一切都变得平淡无奇。有些人迷失其中，在现实中无聊、烦恼。

宇航员们感觉到和"运动过度依赖者"一样的症状，比如对过度运动完全上瘾的连续跑者。对太空运动过度依赖的典型案例是克洛迪·艾涅尔，她是第一个进入国际空间站的欧洲女性。据她自己说，2008年12月，她因职业倦怠住进了医院。我认为这是一种"无聊倦怠"所致的疾病。二者的症状很相似，如记者爱德华·劳奈（Édouard Launet）发表在《自由报》上的一篇令人震惊的文章中所写："……症结在于她的工作。她在欧洲空间局做顾问，这份工作当然不会让她筋疲力尽，但不能给她梦想中的挑战。说白了就是工作让她厌烦。"那些需要攀登珠穆朗玛峰、做非同寻常的事才能让自己完全投入的人，再也无法在平常之事中获得满足。所有日常琐碎的一切，对他们来说都是致命的无聊。

情绪不稳定的人尤其容易抑郁。那些"受到情绪辐射和强烈情绪冲击的宇航员，需要时间来恢复。尽管这些情绪是积极美好的，但其中的心理能量对机体和大脑造成了消极影响。"一些人无法振作，比如托尼尼告诉我："一位NASA的宇航员曾一度飞进太空，随后没能再次飞行。他渐渐离群索居，出现身心问题，陷入深深的忧郁，甚至试图自杀。"

一回到地球，宇航员就被如此多的强烈情绪浸没。他不能把一切情绪都留给自己消化，必须把情绪"挤出来"，向他人打开自己，释放多余的情绪。这是生死攸关的问题，而且"太空飞行后生活还在继续。想要重温在太空时感受到的强烈情绪，最好的办法就是回到地球时讲述自己在太空的经历。用生命的一部分时间去体验探险，另一部分时间应该用来分享。当我们学会给予，让信息与情绪流动起来，我们会有很多收获。所以我们需要去见人，和他们分享情绪。"

通过分享在太空中一点一滴的情绪，宇航员们也收获了听众真诚、慷慨、振奋人心的情绪，成为他们对抗抑郁的良药。与听众交流后得到的"替代"情绪，足以让他们减少或避免在太空任务结束后心生缺失感。

托尼尼给我讲述了他在一次分享时，房间中散发出的情绪就像直接对他大脑产生作用的精神药物。那天他去特鲁瓦郊区一所贫困学校看望学生。

"我一结束演讲，一个 8 岁的女孩自发地向我走来，友好地伸出双臂，用惊人的力量拥抱了我，对我说'谢谢'。她的老师对我说，女孩经历了严重的家庭问题。女孩的眼睛湿润了，但她一直看着我的眼睛说：'你是我的阳光。'对我来说，她表现出的情绪就像给我注射了一剂兴奋剂。一想到这儿，我就想哭。我在演讲中所说的话让她得以在太空神游片刻，意识到'有志者，事竟成'的道理。透过空间站的舷窗和孩子的眼睛，我看到了星辰，真是神奇。对我来说，情绪互动就像真正的发泄口一样，我一直需要它，好让自己不要过多地去想我可能再也不会有的那些感受。"

每个宇航员都要在生活中不断更新情绪膏药。于是托尼尼来到了图卢兹的监狱，传递温暖的话语和积极的情绪。

"坐在我面前的有 20 年刑期的囚犯，在他们看来，我就是自由的象征，可以在地球的任何角落甚至去更远的地方自由旅行。我非常想带给他们希望，让他们用积极的方式完成服刑。

"我对他们说：'大家的身体暂时离不开监狱，但精神却可以。想象神游，有时比亲身到一个地方更精彩……带着兴趣学习、阅读，我们就能在头脑中旅行。通过学习，我们可以摆脱束缚，拥抱自由。

'开始这看起来有点困难，但随着学识修养的提高，你们会发现自己做得到。单纯的求知欲就是一种快乐和自由。没有什么障碍能限制你们的想象。我们都可以犯错，也都有改造自己的能力，蜕变成一个更好的人。心理上脱胎换骨是有可能的，并不需要付出昂贵的代价，只要你想就能做到。'"

所有的这些分享其实都是情绪上的双赢：听众被积极的情绪传染，有了新的视角，宇航员们的情绪也因此变得稳定。

聚焦情绪

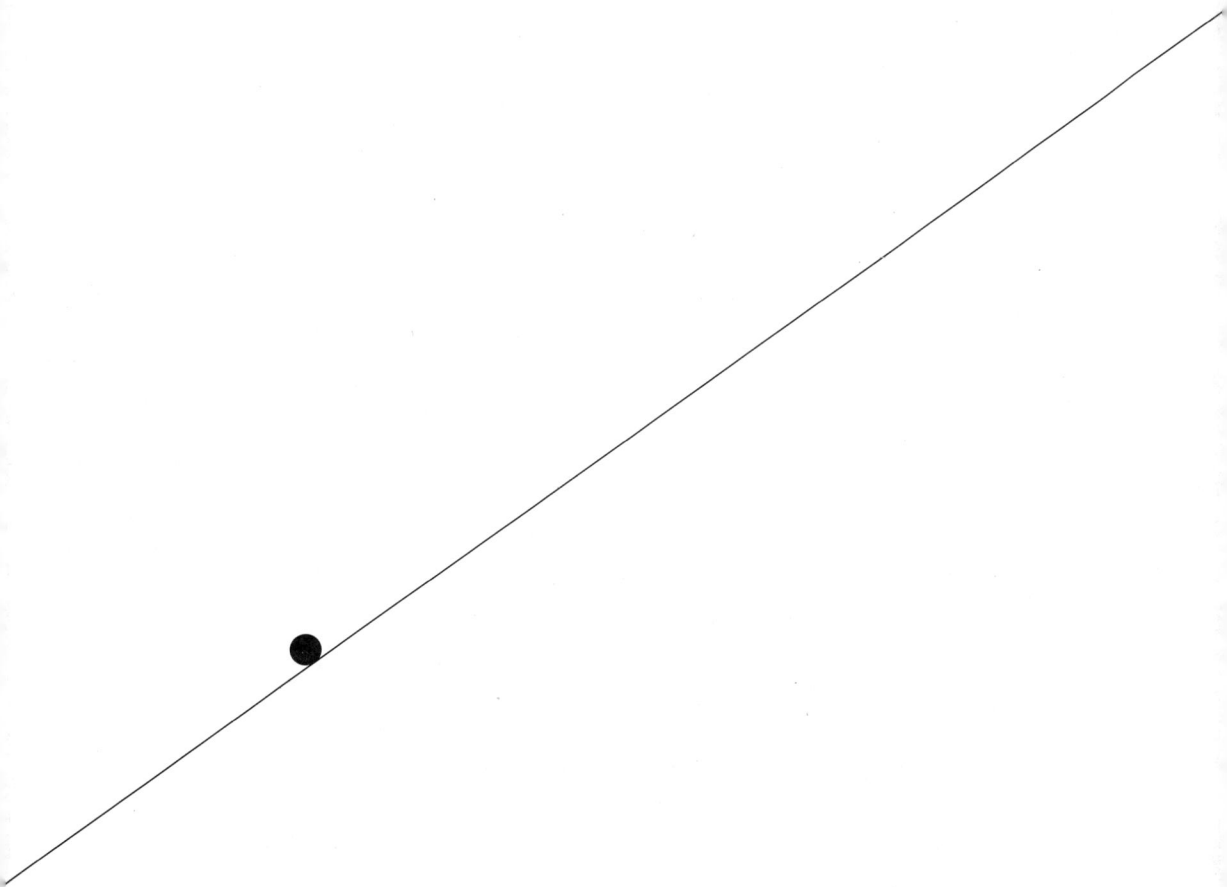

情绪传染，是一份归属感

情绪传染是否存在

让我们进一步地思考，从以上情绪传染的案例中挖掘，记住对我们日常生活有用的道理。

正如伊莎贝尔·索伦特（Isabelle Sorente）在 *L2* 中所写："相信智慧或分析能力能让我们免受情绪干扰，是多么错误啊！"就算穿上自己最好的蓝色紧身衣，披上红色斗篷，变成训练有素、聪明绝顶的超人，还是会被各种有益或有害的情绪传染。此外，智商高的人也最容易焦虑，即便让聪明又自我的人承认这点很困难。就像《侏罗纪公园》里的伊恩·马尔科姆博士（Ian Malcolm）所说："情绪就像生活，总能找到出路。它们可以像寄生鲇一样无孔不入。"寄生鲇是亚马孙河中的一种小鱼，传说可以钻进人的尿道向上游动，以吸食人的血液和尿液为生。寄生鲇是我第一个想到的可以描绘情绪传染"穿透力"的对象。

伊莱恩·哈特菲尔德（Elaine Hatfield）是世界知名的教授，情绪传染研究领域的先驱，与我保持通信近一年。她认为："将两个人放在一个小空间里，很有可能会出现这种现象。'原始的'情绪感染是人际关系的一个基本组成部分，具有适应性和实用性。"根据她及其研究团队[①]多年针对这一现象的仔细分析，得出情绪传染的机制如下：

"在谈话过程中，我们倾向于自动不停地模仿对话者的面部表情、音调和其他发声特点、动作、身体语言和所有明显的行为。通过这种方式表现出一定的社会亲近度，通常是为了让交流更顺畅、质量更高。这一切都是自动发生的，没有经过太多考虑。所以无意识地模仿他人，会（主观地）让我们产生与对方相同的感觉。"举个例子，你的对面坐着一个悲伤的人，你无意识地像她一样，自动耷拉下眼皮，闭紧嘴巴，轻锁眉头，做出"∧\"或"八"型，无精打采地坐在凳子上（悲伤的表情如此多），传递给你的大脑感觉到的情绪信号[②]。在此情况下，你感受到的是悲伤。情绪传染就这样发生了。

我们已经知道，感觉到一种情绪时会发生身体和心理上的改变，但反之也成立。即通过调动某些肌肉或身体部位，就会诱发一种情绪。所以可以说心理与身体会相互作用[③]。

我们将在本书中深入探讨的这种情绪传染机制，现已得到全世界科学家的承认。根据某些普遍的传染规律，理论上所有人都有同样的发出和接受情绪的心理、身体"装置"，使人融入同类。尽管人与人的情绪传染力或被情绪传染的情况不尽相同，随后我们就会发现这点。

---

① 再次感谢伊莱恩·哈特菲尔德和她的两位同事 Paul Thornton 和 Richard Rapson。他们三人都在夏威夷大学工作，同意为我提供和情绪传染现象相关的各种补充信息。
② 正常情况下，当你感觉悲伤，大脑会向肌肉发出信号，让人垂下眼皮或表现出其他明显的悲伤迹象。
③ 此处是反馈循环：因果相连。

友爱传染

在感情亲近的朋友、恋人之间，情绪传染可能更严重，我们称之为"友爱传染"，宇宙飞船中飞行员之间的情绪传染也属于这一类。他们之间非常团结，情绪反应都一样。原因很简单，他们有着共同的经历：他们多年朝夕相处，接受同样的考验，成为真正的朋友，甚至亲如兄弟姐妹。所以每次宇航员进入太空后，他们的情绪状态似乎很快就变得一致。如卡瓦略强调的那样："空间站里，他们的心脏以同样的节奏跳动。"这种生理表现除了有象征性外，还反映出他们互相之间强烈的情绪传染。

科学表明，与我们有情感联系的人的身体也自动和我们配对。朋友之间的情绪似乎可以很容易地流动，比如合租就会"增加"情绪传染。伊莱恩·哈特菲尔德及其同事就认为：焦虑和沮丧等情绪在集体生活中非常容易像病毒一样传播。比如，一项研究发现，如果一个学生和一个抑郁的人同住一室，他早晚也会情绪低落。

这种同时性有时会对生物产生惊人的影响。20世纪70年代，哈佛大学的一位女研究员玛莎·麦克林托克（Martha Mc. Clintock）发现了该现象，得到了一些研究者的认同，但也遭到了另一些人的反驳。她观察了居住在同一个屋檐下，更确切地说是同一个宿舍的女生，她们的月经周期经过一段时间后变得同步。造成该现象的原因尚不清楚，但有很多假说。其中最合理的一种认为：因为害怕有被抛弃的感觉或想要让自己被他人接受，有融入圈子的感觉，所以会模仿他人，让自己的生理与他人一致。情绪趋同后，个人的器官与身体也同样会互相影响。

在恋人之间也会观察到更明显的"友爱"传染。下面讲一个我自己的小故事。

一天晚上，我们一群朋友决定吃意大利菜。3 对夫妻坐在餐馆里的一个包间里。当我们准备吃提拉米苏时，麦克开始给我们讲他几年前经历的一件不幸的事。

那天他肩上背着小儿子汤姆。在他要把儿子放下地的时候，儿子想到要从爸爸的身上爬下来，就害怕地使劲缩了缩大腿，同时勒紧了爸爸的脖子。麦克很快感觉到右耳后剧烈的疼痛，他马上去急诊做了核磁共振，检查显示右颈内动脉裂伤。孩子的重量足以造成颈动脉开裂。

麦克随后继续讲着他的故事。非常恐血的我已经受不了了。

对我来说，听自己身边的人"亲口"如此详细地描述血管、静脉、动脉问题或一般的伤痛体检或手术，简直就是一场噩梦。我脑中清晰地浮现出当时的场景，产生了强烈的感受。听了麦克的故事，我两次躺下大口呼吸，很焦虑。

我也不想这样，但当天晚上，我好像一个卡在拳击场围绳中的拳击手，挨着麦克的血拳。现在，每次他提到相关的医学术语，我的脸就变得愈发苍白，眼神迷离，大粒大粒的汗珠从额头上流下来。我以为自己就是"受伤的麦克"，完全能感觉到他当时身心的痛苦、不适和沮丧。我一下子就和他产生了情绪共鸣，最后造成神经紊乱。

令人惊讶的是，几秒钟后我恢复了神志，好像什么也没发生过一样。我身边的朋友们也感觉到了不舒服，证明他们的情绪也被传染了。大家后来告诉我，"铁人"麦克也不例外。麦克经历的痛苦和令人不适的情绪被我放大后，在朋友圈里蔓延开来。

没有情绪传染就没有爱情

同理心神经元

情绪传染最极端的表现还发生在我妻子身上。她身高 1.62 米，是个矮小强壮的女人，爱好极限运动。她后悔当初没有去做最有难度的外科医生、法国国家宪兵干预队（GIGN）成员、战斗机飞行员、登山向导或专业消防员。然而她在那天晚上也晕倒了，完全和狼狈的我一样。真是泥足巨人[①]！我认为她的反应是爱的证明，说明我们夫妻的关系好，有感应。

我来解释一下：一些婚姻专家或研究人员认为，情绪传染是爱情中不可或缺的一部分。他们还发现相爱的人"镜像"神经元系统非常活跃，使得他们互相模仿。

关于特别的镜像神经元，哈特菲尔德和她的同事解释道：镜像神经元系

[①] 泥足巨人一词出自《圣经旧约全书·但以理书》。书中记载，巴比伦国王尼布甲尼撒梦见一个巨大的雕像，头是金的，胸和肾是银的，腹和腰是铜的，腿是铁的，但脚是半铁半泥的。作者在这里比喻实际上非常虚弱的又笨又大的东西、外强中干的庞然大物，类似中文里的"纸老虎"。泥足，即巨大弱点，一推即倒。——译者注

统的发现帮助我们更好地了解情绪传染的过程。20 世纪 90 年代，帕尔马大学通过研究猕猴的大脑，偶然发现了一类特别的神经元。2010 年，有人发现人类大脑中也存在这类神经元的直接证据。

"镜像神经元也被称为'同情神经元'或'甘地神经元'，被激活后，人会感觉到'他人的感受'，对同类的行为和感受作出反应。简单说就是在乎他人的所做所为。人类的镜像神经元系统非常发达，面积很大。从大脑的运动系统（计划、组织和行动的执行）延伸到边缘系统（参与情感行为）。简单地说，本来平静的你在看到其他人激动时，镜像神经元可以在几毫秒内被激活。研究表明，当一个人看到其他人感觉并表现出恶心时，自己也会感觉恶心，岛叶的前部会被激活。这揭示了情绪传染现象至今不为人知的一面。大脑边缘（或情绪）系统'被点亮'，就像是你自己真的碰到了恶心的东西。"

"事实上，我们的大脑在观察到其他人的情绪时感同身受，让我们能更好地解读和理解眼前人的意图和情绪。所以，镜像神经元系统让我能真正了解其他人的情绪，从生理上感知其行动或情绪，好像自己的经历一般。从而能预测事情的发展。研究者由此也提出：镜像神经元可能会导致同物种的个体之间出现情绪传染。"

如我在前文所说，恋人彼此爱得越深，镜像神经元产生的影响就越大。概括来说，恋爱中的人就是"我感觉糟糕，你也感觉不好；我倒下，你也倒下"。尽管有时候，两人中更强大的一方需要扶持另一方。总之，模仿对方的身体可以让情侣更好地互相理解。要知道，最初的情绪感染就是因为模仿。

哈特菲尔德和她的同事还提醒我："我们杰出的前辈们早已理解了这一切，并用更诗意、抒情、浪漫的方式描述了这种机制。"例如在《失窃的信》（1915）中，埃德加·爱伦·坡（Edgar Allan Poe）认为：通过有意识地模仿其他人的面部表情，一个人很快就能更好地理解他人的感受。

"当我想知道一个人是多么谨慎或愚蠢，有多好或多坏，或了解他现在的想法时，我会尽可能准确地模仿对方的表情，然后等着看脑子里出现了什么与之相对应的想法或心里产生了什么感觉。"

科学表明，处于相同情绪波长的情侣从中受益良多。首先他们会感到幸福、满足，完全沉浸在恋爱关系中。情绪状态同步，两人的行为也会互相协调，达到和谐。用同样的声音说话，能加强彼此的依恋感，更好地理解某些处境。比如当你的孩子试图制造父母之间的分歧，为了更好地"分而治之"。父母团结一致，向孩子展现出父母统一的情感战线，便足以把孩子的念头扼杀在摇篮里。

眼神接触和爱意同步

一些研究者认为，爱情的确复杂，可以通过不同的方式出现、传播和再生。其中胜过千言万语的就是眼神。

人们一直认为眼睛有着非凡的力量。古希腊神话中，戈尔贡三女妖之一 [1] 的美杜莎可以在几秒之内将所见之物变成石头。蒙娜丽莎永恒的目光与游客的眼神交会时就让人驻足留恋，那眼神中诉说着什么？歌手勒诺

---

[1] 戈尔贡三姐妹是希腊神话中的蛇发女妖三姐妹，居住在遥远的西方，是海神福耳库斯的女儿。她们的头上和脖子上布满鳞甲，头发是一条条蠕动的毒蛇，长着野猪的獠牙，还有一双铁手和金翅膀，任何看到她们的人都会立即变成石头。宙斯之子珀尔修斯知道这个秘密，因此背过脸去，用光亮的盾牌作镜子，找出美杜莎，在雅典娜和赫耳墨斯的帮助下割下了她的头。从美杜莎的躯体里跳出双翼飞马珀伽索斯和巨人克律萨俄耳，他们都是波塞冬的后代。珀尔修斯躲避美杜莎两个姐姐的追杀时，在空中遇到狂风的袭击，被吹得左右摇晃，从美杜莎的头颅滴下的鲜血落到利比亚沙漠中成为毒蛇。——译者注

（Renaud）曾是妻子眼中的"小船"，就像米歇尔·贝尔热（Michel Berge）在歌中所唱：每次法兰西·高（France Gall）① 的眼睛湿润时，他的心中就下起了雨。

我们都听说过两个人之间可以有眼神交流。研究人员已证实，只有互相爱慕的情侣才会有长时间的眼神交流，大脑腹侧纹状体由此变得更加活跃，该区域与大脑的奖赏机制有关。换句话说，大脑产生的这种化学物质可能会引发或增强积极的情绪，比如爱、狂喜或感恩之情，这些情绪对维系恋爱关系极为有用。

被激活的不仅有大脑……

加利福尼亚大学的研究者进行了一项爱情实验并发现，当一对恋人沉迷于彼此的目光中时，他们心跳和呼吸的节奏马上就变得一致。下面讲述这个实验。

研究者们在当地报纸上刊登了一则广告，招募到了 32 对异性恋情侣（年龄在 18~59 岁之间）参加一个新实验。与研究人员如约见面后，研究者将每对情侣关在一个房间中，让他们舒服地坐在面对面摆放的扶手椅上。两个椅子中间的距离足够大，避免双方之间有任何身体接触，因为实验并不是为了研究触摸造成的情绪传染。随后，研究者要求参与者放松 5 分钟，不能睡着。为了帮助他们放松，还为其提供睡眠眼罩，并关掉了房间里的灯，要求参与者保持安静。

随后，研究者摘掉受试者的眼罩，打开灯，让他们与伴侣保持 3 分钟的

---

① 法兰西·高（France Gall），法国女歌手。1947 年 10 月 9 日出生于法国巴黎，60 年代法国著名的流行歌手。1963 年，16 岁的法兰西·高凭借单曲 *Ne sois pas si bête* 声名鹊起。1965 年，在卢森堡参加欧洲歌唱大赛凭借 Serge Gainsbourg 创作的 *Poupée de cire,poupée de son* 夺得冠军。2018 年 1 月 7 日，因癌症去世。——译者注

眼神交流，不说话也不做鬼脸和特别的动作。如果他们分了心（大笑、咳嗽等），助理会善意地提醒他们服从命令，马上重新注视对方的眼神，关注自己此刻的感觉。

为了测量呼吸频率，每个参与者都佩戴一个弹性腰带，内置的传感器会测量受试者呼吸时胸部或腹部周长的变化：吸气时，空气进入，胸腔体积增加；呼气时，空气被排出，胸腔体积减小。放在身体不同部位的电极测量形成心电图，由此确定心率。

通过研究这些数据，研究者发现恋人们的心跳很快就趋于一致。呼吸也是如此，两个人在长时间目光接触时，呼吸速度几乎相同。

但实验并不止于此。

为了证明之前观察到的生理同步也是因为两个相爱的人之间通过眼神交流产生的"爱意传染"，研究者们又重复实验。但这一次的受试者是素昧平生的陌生人。结果对视3分钟后，神奇的生理同步现象并没有出现。两个陌生人的心跳及肺部收缩的节奏并不一致。

你知道，当一对恋人含情脉脉彼此注视时，时间似乎停止了。恋人因为彼此爱慕，眼神交流就打开了一扇时空之门，让情绪在彼此之间畅通无阻地快速流动。

于是，我邀请恋人们在一个限定的区域内让情绪自由穿越对方的心理边界。同时遵守一定的规则，比如要进行非暴力沟通，并保持不触碰私密话题。但要记住，情绪传染不该是单向的。正如前文中的实验还让我们发现了另一个现象：经常是女性调整自己的心跳和呼吸节奏配合男性伴侣，男性配合女性的情况较少。

如何解释？

一些科学家已证明：一般来说，女性比男性更有同情心，特别是在她们一生中荷尔蒙发生重大变化的两个阶段，即青春期及 50—60 岁。一项针对 6100 名参与者的研究显示，因为女性对他人的痛苦表现得更有同情心，所以谋杀的倾向低于男性。另一个研究中，针对 2 万多人的研究表明，在一段关系中，尤其是面对严重打击时，女性比男性伴侣表现得更有同情心。具体来说，当男友们生病或必须面对生活中的创伤性事件时，比如亲朋好友的死亡，女性明显受到影响，而在同样的情况下，男性则不会受到同样程度的影响。女性更愿意面对面交谈，分享他人的情绪，有时还说些悄悄话，而男性对"伴侣的感受"则不是那么敏感。

以上研究结果经遗传学证实后，已确凿无疑。比如，英国和澳大利亚的一个神经科学研究团队证明女性从他人眼中解读愤怒、信心或害羞的能力与基因组的特定区域有关。涉及位于 3 号染色体的 LRRN1 基因，该基因的一些变体与感知情绪的能力有关。

这项发现重新唤起了关于女性直觉基因是否存在的古老争论。20 世纪 90 年代末，神经科学也介入其中。著名的《自然》杂志发表了神经精神病医生大卫·斯库塞团队的一项研究，证明女性具有更强的社交能力，能够更容易读懂他人的情绪、身体语言、声音语调的差异，并根据情况调整自己的行动。如我之前的一本书《章鱼的态度》中提到的那样，当时这项研究不被认可，其成果也被社会心理学方面的研究忽略了。

情绪会遗传吗？

空间传染

巴士或空间站被宇航员赋予了人格特征和记忆，承载的情绪能够穿透他们厚厚的铠甲。在某些人看来，其实场所和物品也会让人情绪激动。一想到一些恐怖电影，人就会毛骨悚然，比如斯图尔特·罗森博格（Stuart Rosenberg）主演的电影《鬼哭神嚎》（1979）。或一些令人焦虑的报道，比如 1986 年在法国电视 3 台播出，1992 年在法国电视 1 台播出的圣康坦[①]"血屋"的报道。

作为一个研究者，我只是想知道为什么有些地方让人感觉好？有些地方让人感觉糟，好像充满了不好的情绪？

你是否知道美国最著名的建筑师之一弗兰克·劳埃德·赖特（Frank Lloyd Wright）发明的"有机建筑"的概念？"有机建筑"认为，建筑物，无论是房屋、办公场所还是祭祀礼堂，都是活的有机体。它的建筑结构、布

---

① 圣康坦（Saint-Quentin），法国北部城市。——译者注

局和家具会深深地影响和塑造身处其中的人。

在同领域，但更复杂的一个分支，我还对一个非常古老的学说——风水感兴趣。风水是道家的居住科学，让好的振动波流动，消除不好的振动。为了对此做更多了解，我联系了玛丽－皮埃尔·多明戈（Marie-Pierre Dillenseger），20 年来她努力唤醒人们于时空影响的意识，大多数西方人对此知之甚少。

针对我的问题"生活场所是否有可能对人的情绪产生积极或消极的影响"，她给出了一个明确的回答：

"可以毫不犹豫地说，当然有影响。不仅人有个性，场所也有个性，例如建筑物朝向和建造日期可以衡量一个人与其时空环境的相融性，即朝向和建造日期能对人产生影响，可以促进或阻碍人施展力量。"

困扰我的问题是：具体如何驱散家里房子散发出的有毒情绪？这些情绪每天都可能传染给我们。对此，玛丽·皮埃尔·多明戈回答说：

"第一步是要尽可能地打开自我，确保你的状态、感觉、心情不是因为你凭空的想象或个人的弱点。更好地倾听自己，随后敢于将自己的状态与环境联系起来，试验并确认。避开那些让你感觉沉重的地方。如果你在某个特定的会议室中容易情绪激动，下次提前订其他的会议室，排除消极的空间影响。屋子里越是敞亮、通风、干净，能量就越不容易停滞。检查电灯的瓦数，清洁通风口，进行'春季大扫除'。在办公室里，在身边放置和当前所做的事情确实有关系的文件、工具、家具，把其他东西收起来。在家里，清理与现阶段无关的物品或你不喜欢或不再喜欢的物品，扔到回收站。敢于清除那些消耗你精神能量的东西（放在床下的离婚协议）、消耗情绪能量的东西（前公婆、前岳父母送的花瓶）、消耗身体能量的东西（为了表示对祖父母的忠诚，留下的沉重得难以移动的椅子）。规避（少去有问题的地方）或逃离（搬家或不要久留）都是有效的方法。核心思想就是不要用自己的能量和适应力来扭转一个地方不好的风水。地方也会损害一个人，就像虐待人的伴侣。"

细胞传染：一种产前传染

我们可以把家产、债务、价值观传给孩子，他们也会继承父母的遗传病、身体特征、个性和基本的情绪。关于最后一点，我非常震惊的是，我碰到过的很多宇航员都把空间站比作"自己的母亲"（一位温柔、亲切的孕妇），或比作"大地"（扮演的角色是一位占有欲很强的母亲，整天都形影不离地贴在自己孩子的身上），和他们保持着紧密的情感联系。宇航员们则扮演着另一个主要角色，一会儿是胎儿、婴儿，一会儿是儿童或青少年。这种类比很符合风水的概念。

结合以上概念，让我们试着理解我所谓的"母婴"传染是如何发生的，换句话说就是看看母亲是如何把情绪传染给自己孩子的。首先，我们先来了解产前传染。

米歇尔·托尼尼把空间站比作母亲的子宫，把失重环境比作羊水，把自己比作胎儿，把我们带回了自己诞生之时，即构建我们最初情感世界的时期。一个人体验到的情绪可能和他在出生之前的感觉是一样的，托尼尼告诉我在"和平号"空间站里有种"似曾相识"的感觉。他的大脑可能比较并发现了身处太空和母胎时的共同点，发现飘浮在太空中的感觉就像胎儿在羊水中游泳的感觉，二者都是在狭小的空间内。从太空中看到的地球是一个美丽的蓝色小圆球，就像一位孕妇隆起肚子的完美弧线。

美景激活了细胞记忆，让宇航员们重新有了出生前的感觉。

听起来令人震惊，但似乎也有道理。

我们在母亲腹中时，肯定也吸收了母亲的情绪。但很难把它们从记忆的抽屉中提取出来，它们被封存在海马体（大脑中央负责记忆的一个区域）的深处。

无论我们是否记得，在子宫里还是胎儿的我们都确实浸没在母亲的情绪里。一些胎儿心理学的研究者试图证明这一点。胎儿心理学是一门处于实验阶段的学科。胎儿从和自己情感共生的母亲身上获得的两种主要情绪似乎是害怕和快乐。

所以可以说，如果一个感觉良好的孕妇会分泌幸福激素，这种激素在羊水中的含量也会增加，说明母亲会把积极的情绪传染给胎儿；相反，如果母亲感觉恐慌，胎儿的心跳也会加速，被恐惧淹没。

事实上，我们现在知道，胎儿在胎盘中并不能受到完全的保护：11β-羟基类固醇脱氢酶Ⅱ型（11β-HSD2）可以将母亲的皮质醇（压力激素）"转变"为皮质素（惰性），当孕妇真的"吓坏了"时，这种酶就不能完全发挥作用。研究人员对 267 名孕妇进行羊水穿刺（一种进入式、令人有压力的医疗检查程序），从胎儿所在的羊水腔中提取羊水，发现羊水中的皮质醇指数和孕妇血液中的一样高。孕妇处于压力之下的时间越长，羊水中的皮质醇含量就越高。个体在胎儿阶段长期浸没在母亲的压力之中，可能在随后会受到影响。

让孩子感觉到的恐惧多于快乐，把它引向情绪能量的暗面，可能在更早的阶段就会产生影响。很多研究都证明了这点，比如 2018 年发表在《自然》杂志上的一篇文章，针对包括智人在内的 14 个物种进行了研究，发现曾经有过创伤经历或在怀孕前不久处于慢性压力之下的孕妇，所生的孩子更容易紧张，脑部与身体的发育也受到影响。

在这方面，海法大学的 3 位以色列研究员让雌鼠（研究人类很好的"动物模型")在青春期和交配前重复经历不可预测的压力(比如温度变化)。和其他生活安逸的雌鼠相比,焦虑的雌鼠 Crf1 基因更容易表达,明显导致额叶和卵子中一种压力激素的分泌。随后雌鼠生下的小鼠身上的 Crf1 基因过度表达,也会影响额叶。

该现象被称为"表观遗传",换句话说,个体幸福或不幸的生活遭遇改变了基因的表达。"经验"在 DNA 上留下印迹,但一般不改变基因的结构。表观遗传痕迹传给下一代,经常是为了帮助后代更好地适应环境。不幸的是,对于处于压力之下的雌鼠后代,这种"遗传"弊大于利。因为随后生活在安逸环境下的小鼠也要承受无谓的焦虑。

从人类身上也能发现一些表观遗传现象。比如印度尼西亚的土著巴瑶族(Bajau)被称为"海上的游牧民族",因为他们 60% 的时间都在水下捕鱼。随着时间的推移,他们的基因产生了变化并代代相传。基因的改变使得他们水下憋气的时间更长(长达 13 分钟);他们的脾脏非常大,脾脏里充满了红细胞,当他们潜水憋气时可以释放出更多氧气进入血液。

就像巴瑶族的脾脏一样,我们感受某种情绪的倾向也会变化以更好地适应环境。为了证明这一点,在此讲一小段我曾祖母的故事。我的曾祖母是阿尔萨斯人,阿尔萨斯方言中曾祖母是"Grandmala",她非常了解慢性压力和创伤性经历。出生于 1907 年的她经历了第一次世界大战和第二次世界大战,忍受过饥饿、暴力和恐惧。

第一次世界大战(1914—1918 年)期间,也就是曾祖母怀孕前,她每天都处在压力环境中。她可能在分娩前就将这种情绪传染给了自己的儿子,也就是我的祖父让·皮埃尔,他出生于 1932 年。和很多同龄的阿尔萨斯孩子一样,他很早就表现出活跃的性格,总是处于警惕状态。这是一种极为有用的天赋,因为几年以后第二次世界大战又爆发了。当时才 7 岁的祖父本能地知道如何摆脱困境。祖母评价祖父时说他"聪明""机灵""有办法"。1943年，11岁的祖父已经可以戴着扣脚，开一辆有拖车的吉普，拉着村民们去科尔马购物，以换取一些法郎、衣服、工具或食物。要知道，他也是第一个想到在吉普车后接一个犁来耕地，代替马犁地的人。

祖父从曾祖母身上继承的不安情绪，确实给了他生存的机会和有用的财富，让他克服生活中的痛苦。1945年，他的妹妹玛尔特被流弹打中去世，3年后，其父悲伤成疾也与世长辞，"面对极其令人焦虑处境"的能力让祖父走出了悲伤。但童年时过早受到的过大压力，也为他日后的健康埋下了隐患：他的身体一直处于超速运转状态，一定会付出代价。祖父60岁时就去世了，癌症很快夺走了他的生命。他也说自己和"安逸"的生活无缘，无法享受其中的平静与幸福。

我祖父的故事也许微不足道，但他的故事说明跨代情绪传染可能是一把双刃剑，能让后代有更好的适应力，但在变化的环境中这种能力也很快就失效了——今天的真理明天并不适用。现在的问题是，我们社会中不好的一面似乎日益占据了上风——十分之九的恐惧都是没有根据、幻想出来的，所以毫无用处。可能你已经理解，或想到自己身上继承着父母或祖先的基因，其中至少也有一部分可能和现在的时代并不相称。作为焦虑的一代，我们更容易产生身心疾病、焦虑症、高血糖症和高血压等疾病。

但请母亲们不要自责！其一，父亲也并非一点儿责任都没有。针对雄鼠的实验表明，父亲的恐慌也同样会遗传，至少会影响两代，很可能是因为精子的基因组改变所致。其二，父母的情绪传染和遗传也可能是积极的。其三，一切都是可逆的。

产后传染

当然，我们身处的环境和感受到的情绪都会改变人体基因的表达。但这种改变会遗传，也可逆。"可修复"的可能性让人充满希望：即便出身焦虑的家庭，母亲怀孕时压力很大，或自己经历过艰难困苦，也要知道我们都可以通过自身的行动扭转局面，消除留给孩子的一些（表观）遗传痕迹。

行动越早越好。因为孩子年龄小的时候，大脑可塑性（即大脑根据与环境的互动和个体的经历重塑自身的能力）最强。

在这方面，你是否听说过拥抱新生儿能产生非凡的力量？

加拿大的前沿研究者以啮齿动物为实验对象研究了这个问题。蒙特利尔麦吉尔大学的遗传学家迈克尔·米尼（Michael Meaney）及其团队的研究证明：不到一周大的小鼠被母鼠有意识地爱抚舔舐时会有深深的幸福感，身上会留下生物印记。更确切地说，如果与母亲的接触（舔舐、梳毛）频繁、温柔且时间相对较长，会激活幼鼠体内控制糖皮质激素受体产生的基因。该受体会防止机体对压力反应过度。被母亲爱抚时，小鼠能产生大量的糖皮质激素受体，疏解压力。实验还证明母鼠的爱抚足以改变小鼠体内和压力反应有关的基因表达。

加拿大的其他研究，更进一步证明早期（断奶前）与母鼠经常有身体互动的小鼠，大脑细胞的DNA[①]序列会发生改变，进而导致基因组结构改变，直接影响小鼠的发育，在其成年后仍有影响。

针对人的实验结果如何？

---

① 请注意，这不仅仅是"激活／停止"某些基因的表达。在这项研究中，研究人员观察到了一个更深刻的变化：DNA链上基因分布和数量的改变。

20 世纪，英国著名的儿科医生、精神分析师约翰·鲍尔比（John Bowlby），是著名"依恋"理论的创始人之一。他认为新生儿需要经常与父亲或母亲进行身体接触。父母通过爱抚婴儿、陪他睡觉、把他放在婴儿带里挂在胸前或背在背上，都能彼此建立起坚固的情感纽带，自动储存在婴儿的情感记忆中，使他的社交和情绪能力得以正常发展。

如今，得益于诸多神经科学的发现，鲍尔比革命性的理论似乎得到了证实。2017 年发布的一项研究中，加拿大不列颠哥伦比亚大学的 3 名研究者来到温哥华地区主要的妇产医院，要求产妇们连续 4 天记录与自己 5 周大婴儿的身体接触，包括爱抚、按摩、背或抱等。她们还要记录婴儿的行为，比如哭闹、明显的沮丧表现，频次及持续时间。

在同意参加实验的 1055 位母亲中，155 位保持着与婴儿频繁的身体互动，而另外 152 个极端案例中，母亲与孩子保持距离，通常抑郁或倦怠的母亲更少抚摸自己的孩子。这两种完全不同的母子关系引起了研究者的兴趣，他们随后在父母的同意下，跟踪观察了这两类孩子的发展。

四五年后，研究者提取了其中 94 人的 DNA 样本，比较与母亲有很多身体接触和没有身体接触的儿童 DNA。他们发现：婴儿出生后，父母表示爱意时与其频繁的身体接触，留下了有益于儿童发展的表观遗传标记；相反，如果母亲很少向孩子表达爱意，孩子体内的细胞分子发育会低于同龄人，这种"生物不成熟性"使得他们更容易反复抑郁，难以茁壮成长。

听了这些，如果你作为年轻的父母，仍旧认为把孩子抱在怀里就是"缺乏独立性""习惯不好"，那么现在是时候反思你的做法了：儿童感觉器官和认知的健康发展，免疫系统的增强和新陈代谢的发展等，都离不开人的抚摸和体温。

为了说服各位，让我给你讲一个现代版的童话故事。只是这次不再是关于母亲和孩子之间的关系，而是两个小姐妹之间的依恋产生的非凡力量。

1995 年 10 月 17 日，双胞胎凯丽和布里尔勒在马萨诸塞州纪念医院早产（提前 12 周出生）。为了避免感染，医生将二人分开放在两个无菌暖箱中。

姐姐凯丽状态不错，而布里尔勒身体虚弱，体重不到 1 千克，出现呼吸困难、心跳减慢的症状，她快死了。

最后时刻，一名护士不顾上级指令，决定将两姐妹放在同一个保温箱中。当两个婴儿在保温箱中团聚时，凯丽本能地用手臂抱住妹妹的身体。令人惊讶的是，布里尔勒的心跳和呼吸逐渐稳定，血液含氧量增加。不久之后，这对双胞胎就能离开无菌暖箱中了，直到今天都活得好好的。

是什么促使凯丽把手放在妹妹身上？哈特菲尔德和她的同事做出了一个解释。他们认为："原始的情绪传染发生在生命的早期。研究者发现无菌暖箱里的婴儿对其他人的痛苦感同身受，一个孩子哭，其他人也都跟着哭起来。"

身体有自己的运行规律，得益于神经科学的发展，人们正在了解身体的奥秘。难怪现在"免费拥抱"或"免费爱抚"活动大获成功，人们用自发的拥抱传递积极的能量。这种看起来有点儿荒唐的友好举动其实是利于全人类的智慧之举。

积极的情绪传染

宇航员告诉我们，如果有幸像他们一样被积极的情绪传染，最有必要做的是让情绪流动并作出回应，而不是把它留在自己身上。

在此方面，哈特菲尔德及其同事向我谈起了弗雷明汉，一个位于美国马萨诸塞州、人口约 70 万人的城市。

"这个城市独一无二，是个真正的露天实验室。在市长的允许下，5 年多来，来自哈佛和各方的很多研究者针对弗雷明汉的居民进行了调查实验。其中一项研究中，两位社会科学研究者对喜悦、幸福、开心等情绪的传播产生了兴趣。世界卫生组织认为，喜悦、幸福、开心等情绪对健康有益。研究者绘制了参与者的社交行为记录图，这是一种像蜘蛛网一样的个体社交网络图，能显示个体之间的相互情绪作用[1]。"

"他们惊讶地发现，幸福和热情传播的速度非常快，辐射的范围非常大，而且最幸福的人常处于情绪网的中心。在某种程度上，他们就是社交网络的情绪中心。网围绕他们编织开来，他们身边的人（家人、朋友、同事、朋友的朋友）比一般人更幸福。"

要明白：传播积极的情绪对我们自身有好处，对被情绪感染的人也有益。

对我们有好处：快乐、平静、热情、感恩等积极的情绪就像在你我的屋檐下筑巢的燕子，它们秋去春归，固有的迁徙天性为它们指引着方向。它们在空中的迷人的舞蹈和鸣唱让人欣喜，但它们只是过客，这是需要接受的事实。想要不计代价地留住它们，那是不切实际的幻想；将其关进牢笼，就是将其慢慢杀死。这就和有些宇航员犯的错误一样，他们不顾一切地试图重温在太空的强烈感受，比如尝试极限运动。寻找的过程让人烦恼或成瘾，无法活在当下，对新的愉悦体验无动于衷。一切都是因为放不下过去已经消失的完美感觉。

---

[1] 现在，情绪感染的研究者使用非常复杂的数学模型。这些模型主要被公共卫生机构用于预测危险病毒在一个国家或大陆，甚至是全球的传播。研究者用这些工具衡量大规模情绪传染的范围。

对他人有好处：把积极的情绪传递给身边的人，形成良性循环后，情绪很快就放大。如诺贝尔和平奖获得者戴斯蒙·屠图（Desmond Tutu）所说："从小事做起，积善成流，改变世界。"传播积极的情绪对全人类都有益处，尤其是针对被媒体散播的有毒情绪感染的人们。用亲切而振奋人心的微笑、字句、表情包、姿势、态度、想法去抵消他们受到的消极影响。只需打动一个人，就足以引发大范围的情绪传染。菲尔德及其团队认为："对这种集体现象最先产生兴趣的研究者之中，19 世纪的埃米尔·杜尔凯姆（Émile Durkheim）坚定地认为集体的团结会引起'集体兴奋'，这种兴奋会加强社会联系，让人产生超验的感受和行为。简而言之，他认为集体兴奋可以发挥积极的社会功能[①]。"

怎么会出现这种现象？

其中的原理和蝴蝶效应类似。蝴蝶效应的理论出发点是：一只蝴蝶在日本扇动翅膀就会在得克萨斯引起风暴。皮埃尔和玛丽居里大学的认知学博士、现英国国家学术院牛顿国际学者纪尧姆·德兹卡诗（Guillaume Dezecache）对此做出了解释。他是第一个通过实验来研究两人以上范围内情绪传染的研究者。

"我进行了很多不同的小实验，多少取得了一些成功。其中的一个是研究人类之间情绪传染的'可传递性'，也就是说 A（表达自己的情绪）的情绪可以通过面对着 A 的 B，传递给 C（看不到也听不到 A，但看着 B），B

----

① 伊莱恩·哈特菲尔德及其团队还说："与埃米尔·杜尔凯姆同一个年代的另一位伟大的社会学家古斯塔夫·勒庞（Gustave Le Bon），他写了一本书，名为《乌合之众》。这本书被希特勒放在床头，而希特勒是操纵民众的人。与杜尔凯姆的观点相反，勒庞认为大众的情绪非常具有传染性，经常是有害的。情绪可以快速地在人与人之间传染，速度之快堪比黑死病。"

也不知道 C 看着自己。

"我在 C 脸上放置小电极，记录其面部肌肉的活动。要求 A 看一个视频，视频中的演员表现出恐惧或喜悦的情绪。也要看一些与社交无关，没有情绪的视频，比如北部 – 加来海峡的迷人风景。由此我发现：当 A 分别表现出恐惧和喜悦的情绪时，C 面部恐惧和喜悦的表情也更活跃。

"这说明情绪信息是通过 B，从 A 传给 C。这种信息的传递不仅仅是简单地调动面部肌肉，因为当 A 表达情绪时，C 的皮肤导电性增加（当人情绪激动时皮肤轻微出汗所致）。如果我当时记录受试者（尤其是 C）的大脑活动，我可能会观察到大脑边缘系统（特别是杏仁核）和运动区被激活（让 C 做好准备，灵活应对 A 的恐惧或喜悦）。

"我们甚至可以想象，C 发现 B 很开心时，C 自己大脑的奖赏中心也会被激活。如果 A 的情绪表达得更强烈，我们可能会发现 B 和 C 的情绪反应也更大：感知到其他人的恐惧时，会向后退；感知到他人的喜悦时，会做出亲近的社会行为和接近他人的行为。所有以上情况的结果都会证明，情绪可以极具传染性，而且这一过程几乎悄无声息。"

像血、粒子、橄榄球、大白鲨、自转的地球等一样，情绪必须不断流动，否则就会是一潭死水。永恒的流动让情绪得以大规模地传播。因此，向一个人传递一种强烈而有意义的情绪，可以改变世界。当我们看到一张普通的照片，比如那张溺毙男孩艾兰（Aylan）俯卧土耳其沙滩的悲惨照片，其中传递出的情绪足以引发全世界的愤怒。让我们告诉自己：在日常生活中培养积极的态度，一点点传播积极的情绪，积极的态度就会传遍全球。对此，我深信不疑。

总结

请记住，所有人都会被情绪传染，即使是那些我们眼中置身事外的人，当这种现象发生在朋友、恋人或父母与孩子之间（有时甚至在孩子出生之前），其影响就会被放大。此外，我们经常去的大多数场所、建筑，或居住的地方似乎也带有情绪，可能诱发人产生不稳定的情绪。随后，分享自己感受到的积极、强烈的情绪似乎也很重要，特别是在自己的身边营造良性的集体情绪。

"零情绪"职场

神游太空后，回到现实的地球，感受地球的引力。有人可能会说我们从此就要从天堂掉入地狱，因为我将要带各位去的这个地方，消极的情绪传染司空见惯。有人将这个地方描绘成危险暴力的"狼之领地"。但我们故事中的"狼"只有两只脚，他们的领地不是高山或森林，而是华尔街、东京、巴黎、伦敦……

你猜到了吗?

每分每秒稳准狠

"狼"之领地

是的，像狼一样，操盘手群居在有限的领地上，称霸或称臣，这个领地叫交易室。由不同的交易团队（办公室或业务部门。英语：desks，business units；法语：bureaux）①组成。每个交易团队有自己的规则和层级结构。交易室里的头号领导是男性，而且"操盘手"这个词在法语中没有阴性形式。所有的操盘手都知道自己在团队中的角色和层级位置，无论是在华尔街、伦敦金融城、巴黎还是其他地方。

像狼一样，操盘手是强大的动物，牙齿锋利，野心勃勃。像狼一样，他们在法国受到严格的保护。但例外的是在次贷危机之后，不得不牺牲一两个典型以慰众人；像狼一样，操盘手令人害怕。在大家的想象中，他们是坏人。在分享食物时，他们尖叫、犬吠、呻吟、低吼，在这种情况下，欧元就是能

---

① 金融行业中通常所说的 desks 一般指代一个有营收核算的业务部门，通常是指一个交易团队。交易部门从大到小可以分为：floor、desk、book。——译者注

量；像狼一样，操盘手经常围住猎物，在电脑屏幕后面等待时机，在最后时刻出击；像狼一样，他们表达了6种基本的情绪：怀疑、威胁、焦虑、恐惧、屈服，以及兴奋——有时在经历了巨大的金融冲击之后，他们兴奋地张开嘴，伸出舌头。最后，像狼一样，操盘者最糟糕的处境就是变成其他操盘者眼中的弱者。因为自然选择一直都在发挥作用。

在调查的过程中我注意到：走近操盘手和在天然领地上观察狼群一样困难。其实和传说中的相反，狼是害怕人的。同样，操盘手也害怕观察者，他们经常把记者当成调查员。因为电影（《华尔街》《华尔街之狼》《虚荣之火》《商海通牒》《谁动了我的蛋糕》《蓝色茉莉》等）和2008年席卷全球的金融危机，有些人认为操盘手就是头号公敌，是"真正的敌人"。2012年1月22日，还是总统候选人的奥朗德在布尔热就发表了这样的无情控诉。是的，操盘手散发出刺鼻的味道，他不希望被大众闻到。

所以我应该主要去采访前操盘手，他们不再需要对股市三缄其口，能够透露一些内幕。尽管职业病使然，在某些情况下需要一些时间才能获得他们的信任。

操盘手

操盘手就是买卖商，是金融市场的专业投机者。他们低价买入预计会涨的股票、债券、外汇或期权，随后他们一感觉到价格开始下跌时就卖出，为自己供职的机构（经常是投资银行）获利是他们的首要目标。操盘手（这里我暂时不谈独立操盘手）在机构的交易室里工作（也被称为前台，是银行和市场的接口和决定一切的百慕大三角）：决策的下达和执行都在这里进行，是所有操盘手尊崇的圣地。因为要知道在到达前台之前，操盘手要经历和绝地学徒一样的高强度训练。

操盘手要先经过中前台，即坐在前台舒适的侧厅里，在一个经验丰富的操盘手监视下工作。在《星球大战》中，绝地学徒经过很长时间的训练后，绝地委员会才会允许其参加晋级为骑士的测试。对于操盘手也是这样，唯一不同点是最后他们通常加入了原力的黑暗面。

雇主把一项业务或投资组合交给操盘手管理，操盘手在交易室中对着几个电脑屏幕工作。屏幕上显示的股票价格、公司财务报表、国家数据、经济快报、原材料价格等各种信息将影响他们的决策。阅读信息占用了他们约45%的时间。外汇交易的操盘手被称为"外汇经纪人"或"外汇交易者"。外汇交易市场是世界上最大的金融市场，日交易额达2万亿美元，交易额还在不断增加。英语中外汇交易员（traders forex）中的forex一词，是外汇（foreign exchange）两个单词缩合构成的。很多年前一次完全偶然的机会，我有幸认识了一位外汇交易员，他是业内名人，有着傲人的交易记录，还与巴黎金融精英相从甚密。我们当时说好了："7年后见哦。"

7年后，我们见面了。

巴黎的"狼"

"我是让–马克·T.（Jean-Marc T.），我的艺名是盖柯（Gekko，电影迈克尔·道格拉斯在电影《华尔街》中所饰演的角色）。我可没有开玩笑，我曾在好几家法国银行和外国银行里著名的金融51区工作。这是个密闭、私密的矩形区域，进入其中需要获得相关资质和认证，也被称为交易室。我在交易室中度过了近20年。18年来，我在电脑前处理数字、曲线和别人的钱，在晚上挥霍奖金，体验强烈的情绪，它们在我的身体和头脑中留下了不可磨灭的痕迹。我周围上演着真实版的《惨痛旅程》（*Very Bad Trip*）。我看到有些人下班后因为愚蠢的赌博赔掉了自己的豪车。有些人为了'保护'自己免受压力，几个月内减重 30 千克，更常见的是一些吸食可卡因的人。

"现在，我是一个在 49 岁时就早早退休的人。4 年前，我辞掉工作时和老东家协商获得了一笔钱，环游世界。现在，我不再过繁忙而刺激的生活，我想我得把自己经历的一部分写下来。所以我试着让你进入操盘手的情绪脑，看看他们在某些时刻是如何被弥漫在周围空气中大量的有毒情绪传染而导致情绪失控的。

"有些人会觉得这么做如同往汤里放老鼠屎，而我真正的用意也是恶心一下操盘手们，让他们猛醒。因为次贷危机最终也只是小教训，道德批判留下的痕迹已经消失，有毒债务继续存在。这也没关系，因为也是纳税人买单。操盘手们一直都这么说，只不过这次压低了声音，让伦理道德'闭嘴'，宣布了职业道德、诚实正直的死亡。

"但还在贪婪赚取欧元和美元的人可以放心。我在这里并不是为了揭露某些交易或奇人怪事。尽管我不是心理学家，但我主要是为了从心理学的角度说明促使操盘手做出疯狂，甚至违法之事的原因。我想让你明白，一旦跨入交易室的门，你就被大量高度具有传染性的消极情绪环绕。一旦被传染，健康和生活平衡都会受到影响。

"90% 的操盘手都沉迷于肾上腺素带来的感觉，成为自大的牺牲品。在交易室中，他们的缺点被放大。在乌烟瘴气的交易室里，很少能看到人性的光辉。两种力量一直在互相对抗：贪婪和恐惧。前者让操盘手建立更加扭曲或复杂的战略来赚钱，后者让他们在战略失效时割肉保本。

"让我们先来聊聊恐惧。当操盘手开始恐惧时，会影响群体的心理和无意识行为，迫使他们在不知不觉中模仿身边人的行为。而盲从跟风，很少是明智之举。索福克勒斯曾写道：'于恐惧者而言，草木皆兵。'有时候，交易室被恐惧淹没，人们感觉就像进入了一个共鸣箱，一切都被放大了，各种感官一直保持警惕。在工作场合中过度警惕让人筋疲力尽。一丁点儿敲击键盘的声音、同事反常的一个眼神、沿着太阳穴流下的一滴汗珠、来回疯狂地踱步顿足、反常的嗓音、紧张地挂掉一个电话、屏住呼吸、尖叫、双目圆睁、颤抖等都可能让你感觉非常焦虑，逃也逃不掉。

"恐惧所到之处，无人幸免，下面就是一个例子。对我来说，那天的记忆还恍如昨日。2001 年'9·11'恐怖袭击事件发生一周后，整个交易室都炸开了锅。双子塔被两架飞机撞塌的冲击尚未退去，交易室又受到另一层冲击（永远别忘了金钱就是上帝）：行情不好、情况恶化、震荡下跌加速、缺少重要支撑、引发一系列止损抛售，悲观情绪笼罩下的股市不断下跌。

"整个交易室都消沉沮丧，就像迷途的羔羊，不知该做些什么。股市越跌越低，我们每天都在亏钱，就像泳池的排水阀门被打开了一样，让人恐惧。下午，各种不好的情绪包围了我。我口干舌燥，说话困难，手心冒汗，冷汗直流，衬衣腋部以下全都晕湿了。我真的害怕失去一切——奖金、工作、老婆以及被我的钱吸引来的女人，但我不知道还能做些什么。我发现身边的人也有同样的症状，我们好像放荡女人一样，在恐怖电影里总是会被连环杀手盯上，第一个死掉。

"正是在这一刻，我突然离开这群受惊的操盘手们，让他们继续走向深渊，而我另走他途。

"我想到了 1997 年亚洲金融危机，突然顿悟并采取和所有人相反的行动。我认为自己应该不顾一切地追随自己的本能，在所有人抛售股票的时候买入。我拨通了私人账户银行的电话，询问我账户的余额，然后开始大量买入股票。我的老板听说后，用家长式的严肃口吻对我说：'让－马克，我的孩子，别买了！你正在犯一个严重的错误，你会把自己毁了的。可能会打仗，股市要崩盘，未来的情况会更糟！'我回答他说：'我知道这种感觉，之前我有过。'然后我继续用私人账户疯狂买入股票。

"几天后，股市一跌再跌，我又再次感到恐惧。但几个月后，我终于可以松口气了。随着时间推移，股票一路上涨，我最终大赚了一笔。

"真的是直觉而不是思考，让我摆脱这次困境，远离笼罩在交易室的麻木情绪。在这种情绪的作用下，我的同事们在最低点卖掉了股票。可怜的人们原地转着圈，被困在恐惧的迷宫中，找不到出口。"

炸药堆上的蚂蚁

"我刚刚给你举的例子结局是好的，让人觉得我盖柯可以对集体的情绪传染免疫。但经常我也是被情绪传染的一员。

"我记得10月份的一天，市场全线下跌。那时的我还是外汇交易员，买卖外汇。我为给我支付高额佣金的银行进行外汇投机交易，赚取高额差价。我可以支配资金，可以持有的贷方（长期）头寸或（短期）借方头寸总值达几百万欧元。当汇市大幅下跌时，我预测欧元对美元的汇率会反弹（当时欧元／美元是最受追捧的一对外汇）。我认为按逻辑来说，欧元对美元的汇率能回升一些，至少涨十几欧分。但遗憾的是，我的预测并没应验，汇率持续下跌。我徘徊在斩仓割肉的边缘，也就是说损失超过了每日可允许的损失范围。

"当时，我祈祷上苍，乞求股神让欧元上涨。不幸的是，该死的欧元开始下跌。我感觉不好，我看到同事们的情绪也失控了，有些人趴在电脑前什么也做不了。我心不在焉时和他们的状态一样。还有些人，无论见了谁、碰到了什么事，都在交易室里大喊大叫。我也一样，无端朝这人或那人发泄，期望扭转厄运。我甚至因为迷信移动了一些物体，让好的振动波能不受阻碍地传进来。想象在一个蚁穴里，每一层都有随时会爆炸的炸药。在金融大楼里的众多蚂蚁变得过于兴奋和焦虑，蚁足轻轻扫过，炸药就会爆炸。

"汇市下跌越多，我和同事们赔的钱就越多。然后我看到身边所有的交易员突然清仓，就像一个疯狂的司机毫无理由地急转弯。我不知道该怎么办，真的很迷茫，都不知道我是谁。有点儿像我们在肯特或阿斯图里亚斯的海滩上看到的那些失忆症患者，他们全身湿透、惊慌、没有方向地到处游荡。这种感觉真的很奇怪。

"因为模仿、恐惧、缺乏自信，我也开始清仓，以比平均买入价低很多的价格卖掉了数百万欧元，损失惨重。我记得很清楚，当时只要一想到必须公开这笔损失，我就会全身发抖。我感觉很丢脸，是个可能会被解雇的可怜人。特别是当所有人都清仓后，欧元反弹了：此时底部已经筑牢。这是一个基本规则，却没人照做，强烈的情绪让我们都失去了理智。"

情绪，挥向自己的利刃

没有情绪的生物

据媒体和一些心理学家说，许多交易员都是冷血动物，很少或者没有情绪。我甚至在一位前操盘手主持的公开会议上听到："有很多操盘手都有精神病患者的行为。"让我们刨根问底，看看他为什么会这么说。

很明显，精神病的一个主要特征是几乎没有恐惧。科学家认为，精神病患者的心率和皮肤温度非常低，其自主神经系统对恐惧、惊讶和其他情绪反应的速度极慢或几乎不会作出反应，这种心理状况与操盘手的特征不符。但无论如何，让－马克·T. 刚刚给我们讲的故事就能得出这样的结论。一些观察者也证明操盘手不仅会恐惧，还会感受到很多其他的强烈情绪，经常是负面的情绪（但不是仅仅有负面情绪，在后文中会提到）。我采访了乔治·安德森（Geraint Anderson），他在英国和电影《华尔街之狼》的原型乔丹·贝尔福（Jordan Belfort）一样出名，他也确认了这一点。

作为伦敦金融城的前操盘手，畅销书《操盘手》一书的作者——乔治·安德森认为，操盘手在交易室里面感受到 5 种强烈、不稳定又极具传染性的情绪：

　　1. 恐惧——当市场大幅减速时。

　　2. 贪婪——市场处于高点时。

　　3. 紧张——发奖金的日子。

　　4. 失望——收到奖金后！

　　5. 奔放——周四晚上与同事们在酒吧里。

　　让我们来看第一种情绪：恐惧。

战栗之屋

　　恐惧在银行里著名的 51 区交易室里快速蔓延。为了对恐惧及其影响有更多了解，我采访了几位操盘手。

　　25 年来，让 – 帕斯卡尔·B. 一直是操盘手的"眼线"，给他们提供可靠的内部消息。让是一名金融分析师，之后成了分析办公室的负责人，他经常和交易员们接触，他说：

　　"看看巴黎、欧洲或美国股市过去 10 年的走势曲线，我们会发现市场经历了多次冲击和危机，对指数产生了强烈影响。市场波动性大幅上升，风险极大。要想赚很多的钱，就要承受很多的打击，操盘手们必然变得越来越紧张。"

　　他曾目睹亚洲金融危机及 2008 年全球金融危机等重大危机来临时，交易室备受震动，甚至深受重创的情景。"在这种时候，我们看到交易室中出现了最惊人的情绪行为。"

　　马克·L. 在法国农业信贷银行职业道德部及经纪服务子公司工作了 3 年，谈及 AF447 航班空难时说：

"交易室里，两台电视机和个人电脑屏幕都开着，随时收看法新社的快讯。从里约热内卢飞往巴黎的 AF447 航班失踪，一则谣言迅速传播开来。有人说当时巴黎银行的首席执行官博杜安·普洛特（Baudouin Prot）在飞机上……巴黎银行股价应声下跌，直到银行出来辟谣。在此期间，所有人都躁动不已，四处打探消息，互相传话……"

情绪监控器

但在马克·L. 看来，根本无须轰动一时、哗众取宠、流血死亡的事件，就能在交易室里引发恐惧、焦虑和压力。凡是和交易室有关的信号，哪怕很微弱，也会掀起惊涛骇浪。他说：

"在我看来，反而是最不起眼的一些时刻最容易引发情绪传染：收盘前的紧张时刻、前夜美股下跌后股市开盘时、首次公开募股期间，尤其是我们的母公司银行参与其中时（我所在的经纪公司就是法国农业信贷银行的全资子公司）。在此情况下，好几个人处在压力之下，每个人都必须发挥作用，引发一种明显的激动情绪和压力。你斜眼看到一个和监管员有关系的人进来，那个监管员刚刚告诉你他获得了许可；你确信金融分析师遵守了职业准则（因为利益冲突的问题，如果银行参与交易，我们可能会被禁止与他们通信）——这一切都要在令人几乎无法忍受的高压下进行，在不断变化的局势下快速作出决定，产生的效果让人想到了化学沉淀物：要一直等到情绪达到一定程度，交易室里的气氛里出现某种成分，它们才会沉淀。个人的感觉可能会非常强烈，最经常的表现是噪音变大，互相辱骂，不再彬彬有礼。到了最后，如果是对好哥们儿大喊大叫也就过去了……但（即便是好哥们儿）也不总是如此！"

关于这个问题，让我们说点题外话。

你知道吗？荷兰银行和巨头企业飞利浦创建了一个监控交易者情绪的系统，即理智系统。其原理很简单：操盘手的手腕上佩戴一个情绪手环，连接着情绪碗。情绪碗是一种圆形的很有设计感的灯，放在不远处。情绪碗能够通过测量表皮电导率，实时监测操盘手的情绪活动，并把信息传给情绪碗。如果操盘手情绪稳定，灯显示黄色；情绪强烈程度中等，灯变成橙色；情绪非常激烈时，灯变成红色。在最后一种情况下，建议操盘手停止所有活动，喝一大杯冷水，松开领带，让自己平静下来。这是为了避免在压力下出现失误。

我要表明的立场再清楚不过：凭情绪作决定，不可取！情绪化的想法既原始又危险。一些公司甚至还让员工戴上有脑补传感器的头盔，监控他们的情绪，特别是压力水平、愤怒和警惕的状态，以此来提高工作效率。光想想要戴上那头盔就令人害怕了！

恐惧情绪制造者

交易室里的情绪也和某些"明星"金融分析师的经济和社会预测同频振动，他们就像现代的先知，操盘手们非常重视他们的预测。让－帕斯卡尔·B.会告诉我们一个分析师是如何成为明星的：

"这位分析师写了篇关于米塔尔公司的文章。米塔尔有一家在阿姆斯特丹证券交易所上市的名不见经传的印度公司，没有人特别了解它。一篇30页的研究报告中说米塔尔的领导人有很大的野心，他想选择一个目标对象来征服欧洲，这个目标就是阿赛洛。他的研究报告相当深入，说服了卖家。后者开始给他们的客户打电话，并把阿赛洛公司的股票卖给他们，而在此之前没有人对这家公司的股票感兴趣。一个半月后，米塔尔对阿塞洛进行公开出价收购。一早，公报发布后，整个交易室都开始鼓掌，可以想象一下70个人站在桌子和椅子上的场面。这在2006年可是划时代的交易，这名分析师也红了好几年。"

有些人是家喻户晓的金融分析师，交易员都愿意"听"他们的话。其中有沃伦·巴菲特和约翰·保尔森，后者在2007年成为超级明星金融顾问。

让–帕斯卡尔·B.说："保尔森认为美国债券市场和楼市撑不住了，然后，他决定将大举做空①债务，随后美国银行购买CDS（信用违约交换）加大杠杆，比如最后倒闭的雷曼兄弟银行的债务。2008年市场崩盘。保尔森的预测是对的，他成了明星。和娱乐圈的大腕一样，他名声在外，但很少接受采访，非常低调。大笔大笔的美钞进入他的账户。他赚的收益加上募集的资金，管理的资产总额在三年内就翻了五番。

"大家一度已经习惯在交易室里听到别人说'你就像保尔森一样操作'。尽管4年后，因为错误的投资组合和买卖时机，保尔森本人也遭受了前所未有的重创。"

分析师对操盘手的影响很大，经常把强烈的情绪传染给他们。分析师显露出危机的蛛丝马迹，操盘手就恐惧；获得一个可能让人大赚一笔的消息或分析，操盘手就欣喜若狂；分析师的研究报告和操盘手的看法相反，后者就会心生疑虑……有些甚至可以引发大规模的恐慌危机。2015年7月，《财经》杂志记者王晓璐公开承认自己故意扰乱中国主要的股票交易市场，用引人焦虑的口吻在证券和期货市场上散布虚假消息，操盘手们很快就信以为真。导致整个金融系统出现异常波动，给国家和投资者造成了巨大损失。情绪传染

---

① 在预测股票价格下跌时，此操作可以在不购买股票的情况下就卖出股票，再以更便宜的价格买入，以此获利。

的速度很快，谣言随之扩散，比如有人说"一男子因股市大跌在北京跳楼自杀"。谣言主要是在社交网络上传播，直到中国证券监督管理委员会介入，否认了王晓璐的不实报道，并指出其行为是"不负责任的"。

除了超级明星分析师、著名企业家或记者广泛传播的公开言论外，操盘手还在寻找更个性化、更机密的建议……更可靠的建议为他们自己的分析提供依据，从而让自己的业绩超过身边的同事。这有点儿像赌马的人在赛场上打探内部消息，好让自己能押中前五名的赛马。"'我有一个内部消息，不会告诉任何人'，这可谓分析师和操盘手之间的经典对话"，让–帕斯卡尔·B.如是说，以致分析师本人来到交易室和某个操盘手说话就会引发其他人的情绪。

"当一个人去见操盘手或他的整个交易团队时，就会被人看到。在交易室里，大家彼此都认识，互相观察，没有什么私密性。操盘手接待的某个人如果是分析师，很快就会被其他人认出来。当操盘手在此后开始改变战略，即便他为了不被人发现而巧妙操作，其他人还是会说：'他有了内部消息。'就是这样，分析师引发了其他人的情绪，这种情绪通常是压力，很快就会在交易室中蔓延。"

压制带来的反噬

害怕失败

恐惧可以从不同地方开始传播。但还是有一种情绪传染是源于内心：精英害怕变成失败者。

谁是能进入交易室的VIP大家都很清楚，操盘手就是银行里的摇滚明星。马克·L.说："身处封闭的交易室里就感觉自己是操盘手。"弗朗索瓦·M，法国农业信贷银行（Crédit Agricole）的前交易员，也是HEC的毕业生，他认为交易室是"由一群非常聪明、反应迅速、极有野心的人组成的一个生态系统。里面有很多有影响力的共济会成员和名校的毕业生。"

让－帕斯卡尔·B.说："这些人因为身处一国的精英圈子，感觉自己能在股市上呼风唤雨。有牛津或剑桥的毕业生，也有法国综合理工学院、巴黎中央理工学院、政治学院或商学院的毕业生。这个小小的精英圈子抱团取暖。"

让－帕斯卡尔·B.继续说："他们的平均年龄不到30岁。这个行业中很少有上了年纪的人……过了一定的年龄之后，他们的体力就跟不上了！但这无关紧要，吸引人的是操盘手这个职业。大学生都梦想赚得 100 万英镑，成为梅费尔[①] 的明星，买下豪华公寓，再买辆特斯拉！"

"事实上，在 2011 年，法国银行里的 8200 名操盘手赚得的平均奖金是 242 000 欧元。在 21 世纪，操盘手的价值仅有一个衡量标准，那就是'你的银行账户里有多少钱？'金钱是成功的钥匙，让人狂妄自大，目中无人。只要一有钱，他们就觉得自己卓越超群，其他的人肯定都是愚笨的傻瓜。"

弗朗索瓦（佩皮托的艺名）也解释说："金融圈里竞争激烈，气氛可不友善！"塞德里克·R. 在伦敦、东京和曼谷做了 6 年操盘手和 5 年投资组合经理，接受的是最好的教育（伦敦商学院，特许金融分析师协会），他说："干我们这行尤其不能犯错误。"

佩皮托曾在法兰克福的法国外贸银行工作了 5 年，然后在伦敦工作了 4 年，随后他被"驱逐出去"。他描述了交易室里沉重的情绪氛围：

"在交易室，有人一年赚 1000 万或 1 亿，真是惊人！然后为了赚同样多的钱，你也给自己施加了巨大的压力，想要做得更好。我曾见到过一位综合理工毕业的工程师，他不明白为什么自己的计划不起作用，突然就放弃了竞争，紧接着辞了职，因为他无法把市场变成一个方程式。一是他拒绝承认自己犯了错。二是他不想在所有人面前被'羞辱'或'嘲笑'。必须承认，市场并不是一直都 100% 理性和科学的！"

让-帕斯卡尔·B. 补充道："这些人受过高等教育，非常理性，有逻辑，所以才会被雇佣。他们很少情绪化、失去理性、烦躁易怒、敏感脆弱，也不能接受被反驳。我不知道听到过多少次愚蠢的推理，但有些人就觉得自己的

---

① 梅费尔（Mayfair）是英国伦敦市中心的一个区域，位于威斯敏斯特市内。——译者注

策略很好，除非赔了一笔。所有人都很自我，问题在于把这些人都关在一个小小的交易室里，就不可避免地出现共处困难的问题。从情绪角度来看，操盘手们付出了情绪上的代价。就像任性自大的球员，我们可能会问这一行是不是能长久？

"我就看到过一些明星操盘手在其团队面前拂袖而去。他们某天早晨起来，先找到领导，然后又和交易团队的成员说自己是对的，其他人都是傻子。没人理解他，若真如他所说，那其他人就不会出现在交易室里！在此情况下，要快速控制火情，防止所有人都情绪爆发。

"那些因害怕自己表现不佳，总是试图搞明白'为什么'的人，从不试着从自己身上找原因。他们寻找外部原因，认为是系统有缺陷，而不是自己犯了错。"

弗朗索瓦的看法是："所有想互相尊重、想在这一行干得久的操盘手都应该承认自己的错误。佩皮托认为'我错了'说起来容易，做起来难。

"当你赔钱时，上级和同事看待你的方式都不一样了。他们看你的眼神有点儿居高临下，对你的态度也变了，甚至觉得你有点儿幼稚。

"而你呢，你开始把注意力集中在亏损的债券上，而在此之前，你的分析更全面和客观。负面情绪逐渐占据上风，你开始对自己产生越来越多的疑问。可能是自我的生存本能使然，你试着消除自己的疑虑，有意识或无意识地说服你的同事或其他公司的操盘手，告诉他们你不是一个蠢货，喋喋不休地为自己找理由，有说得通的也有勉强的。你变得忧心忡忡，而这一点在你的人际关系中显露无遗。"

我们真的觉得操盘手应当成为同行眼中的超人。如果他失败了，就是灾难。就像弗朗索瓦所说：

"当我在法国农业信贷银行工作时，我们的交易室和东方汇理银行合并。

合并后，我们发现有了'重叠'现象，即两边的人做着完全一样的工作。不可避免的是，每个人都要待在自己的位置上。此时，操盘手不一定害怕会被解雇，在法国农业信贷这样的大银行，大家都觉得自己能在其他地方找到工作。留下来的人最大的焦虑是害怕自己没有被选中留下来。这种焦虑几乎是集体性的，因为不被他人选中，就意味着丢脸。在交易室里的150~200人前丢脸，而这些人是每天早晨都要打照面的，自己却很快就变成了他们眼里的失败者，这在心理上很难令人接受。精英主义是非常符合达尔文主义的一种现象：不同情弱者。此外，被降级或解雇的人很快就被忘记，悲伤的感觉也会很快消逝。很少有人会为操盘手准备告别酒会。"

弗朗索瓦说自己看到一些经纪人"突然又做回了简单的操盘手。大家说他们应该回到中台（middle-office）或后台（back-office），那里是真正的炼狱。这就是降级，中后台的工作完全不像操盘手一样光鲜亮丽！当你被降级时，会非常艰难。大多数被降级的人，都过不去这个坎！"

让－帕斯卡尔·B.补充道："一旦你被同事列入黑名单，就很难翻身了，难度堪比横穿沙漠。你可能需要很多年才能重获信任，如果还有那一天的话。曾经的大明星是很难承受这些的。此时你有两种选择，要么就此打住，大致就是'再也不让步了'；要么去其他地方，重新积累名望。一般来说，开始第二份工作后就从黑名单中被移除了。"

用有点儿哲学意味的句子来总结一下：所有的操盘手都知道故事的结局。他知道自己最终会被一个更聪明、更能干、更有活力、更不在乎加班加点的人取代。

总之，你已经理解了。在交易室里，人必须学会在达摩克利斯之剑下生存，如履薄冰！

错乱的生物钟

神经科学研究表明，在恐惧或愤怒等其他情绪的影响下，我们的时间感会发生变化。佩皮托提到了一个真实的现象："交易室里的节奏经常比正常速度快，一切都很快。"

操盘手全天都在恐惧的影响之下，他们内在的时钟（肌体对时间的主观估计）加速：他们的心脏跳得更快、呼吸更快、瞳孔扩大、动脉压上升、肌肉收缩、大量出汗。以上过程都伴随着多巴胺的分泌，多巴胺是大脑中参与处理时间的主要神经递质，可以激活身体内的时钟。随后操盘手的大脑就像在进行延时摄影。如你所知，有些视频用延时摄影表现了一朵花的绽放、日落或一栋建筑的建造过程。肌体处于反常的状况下，恐惧让人一直处于警惕。弗朗索瓦说："有一种以天计算'马上要结果的专制行规'，而一天实在是很短。操盘手每天的时间都很紧迫，我认为这是造成此类职业压力的最大因素！"

一天结束时，经历了时间感错乱和激动的情绪，操盘手很难立即放慢节奏。晚上回到家里，显然他还在反复思索当天让人情绪激动的事件，在脑子里复盘。弗朗索瓦说："每天晚上我都在脑子里重新过一遍白天做的决定。"和塞德里克一样："操盘手晚上回到家还想着账户里的头寸，即那些次日的价内或价外期权。睡觉时也不例外。他们必须充分考虑到市场的风险，而市场是瞬息万变的……"和工作有关的想法一直侵占着他们的私人空间和睡眠。

自远古社会以来，人类的肌体就遵循着周期约为 24 小时的日夜交替的节律。改变生物钟、不按时工作或晚上不睡觉，肯定会打破生物节律。大多数操盘手的生物钟和昼夜节律不同步。这至少是造成心理问题、人际关系和社会问题的部分原因，还会使人代谢异常、激素分泌失调、出现消化系统和心血管问题。佩皮托描述了他身上出现过的暂时性失常症状：

"我过去可以在几乎没有睡觉的情况下和亚洲同事一起工作，在深夜或凌晨交易。凌晨 3 点还在给亚洲债券估价，早晨 6 点就要去办公室开晨会，每个人都要对市场和自己的投资情况做总结。"

"东京股市开盘时，就要关注！"让－帕斯卡尔·B. 进一步说道。随后他告诉我们，他有一个朋友习惯性失眠，他"为了和巴黎市场保持同步，凌晨 2 点钟到办公室，打电话给外国客户告诉他们巴黎股市开盘的情况。他在交易室里时腿都在抖"。

周末、晚上、假期，操盘手的大脑一直处于警惕状态，思考个不停。市场每次向下波动都是种折磨，是夜里的噩梦。赔钱的痛苦经常比赚钱的喜悦更强烈。

白天跟进欧洲市场，夜里关注美国市场，凌晨紧盯亚洲市场，手机响个不停，邮箱爆满，持续整晚，一直到凌晨，你不觉得这已经超出了一个人能承受的范围？

当操盘手结了婚或为人父母，他的大脑努力在白天和夜里必做的事之间找到一个平衡点，维持，或至少在表面上维持工作和家庭生活。但一段时间后，大脑可能就放弃了在二者之间寻找平衡。在此情况下，他很难有一丁点儿精力陪伴家人，保持生活的平衡。

但注意，佩皮托还说有些时候没那么紧张："于是你一反常态，早上 8 点上班，下午 5 点下班，甚至有时间好好吃一顿午餐。"

弗朗索瓦也说："市场也会有几天是'正常'的。轻松的时候，我们就进行归纳总结，做一些基础工作，审查客户材料。我们这一行可不是只有投机！"

但长期来看，交易室阴晴不定的氛围让操盘手的情绪变得不稳定。佩皮托说："你可能感觉不到现实的时间流逝，健康和生活方式直接会受到影响。"只要试试每天都改变孩子吃饭和睡觉的时间，看看孩子的反应：他会变得易怒、无缘无故地哭闹、对一切都反应过度。让－帕斯卡尔·B.觉得交易室就像一个"真正的沙箱"，里面都是一些性格障碍的"疯孩子"。

沉重的代价

激烈的情绪和混乱的生物钟损害了很多操盘手的身心健康。发表在著名学术期刊《管理科学季刊》上的一项研究对其影响进行了评估。研究人员以20多位操盘手为样本，跟踪了他们毕业后9年里的情况。他们都是管理学院的毕业生，注定要成为华尔街的明日之星。研究结论显示：前3年，年轻的操盘手们每周平均工作约100小时，还能保持充沛的热情和精力。一般来说，他们早晨6点到办公室，午夜离开。但到了第4年，他们开始感觉到睡眠不足，出现进食障碍、失眠、过敏或对某些物质成瘾、易怒、心跳过快、易怒。有些人还会患上克罗恩病（慢性肠道炎症），有些人得了关节炎或牛皮癣，还有些人得了抑郁症。

让我们回顾一下其中的一些症状。

睡眠障碍

一个人整天处于相对具有攻击性的环境中，感觉恐惧、焦虑或烦躁，导致神经系统超负荷运行，大脑过于活跃，使人过于清醒，严重影响睡眠。如弗朗索瓦所说：

"很多个晚上我都难以入睡。如果你在这行就会知道，失眠是很正常的事。和其他职业相比，操盘手的焦虑和恐慌情绪更严重。正常人可能会在非常私人的情况下感受到这些情绪，但操盘手经常会感到焦虑和恐慌，有时交易会很不顺。我已经不止一次因为我的资产（应该说是负债）而失眠了！"

金钱不眠不休，挣钱的人也不得停歇！

一般来说，大多数操盘手，包括那些身经百战的老手，每晚只睡 4 个小时。金融城的新手很快就会体验著名的"魔鬼轮转"：伦敦的出租车在拂晓时分把实习生们送回家，等他们洗完澡，迅速套上一件干净的西服，立刻再把他们送回办公室。实习生们完全没有睡觉就又开始了新一天的工作，出租车不间断的环形线路由此得名。

肠道疾病

焦虑和压力会让操盘手的胃功能紊乱：食欲不振、慢性腹泻，甚至反复呕吐。弗朗索瓦说："我看到过不止一个操盘手因为被深度套牢（投资亏损，无法轻易脱身）而在晚上呕吐。我也碰到过同样的情况，这行的压力确实很大，总能感觉到敌人的虎视眈眈。我们都不知道明天的股市是涨是跌，随时都可能暴跌。"

完全失控

有时交易室会变成真正的情绪火场。当压力到达顶点，一点儿火苗就能让人失控。比如佩皮托给我们讲的这个故事：

"我记得有一天，我的一位性格内向的同事正在交易室里打着电话，很可能是在买卖证券。几米外，另一位有性格障碍的同事 X 先生没完没了地抱怨着。过了一段时间，他突然起身，非常令人惊讶的是，他拿起电话砸向电脑，喊着：'X 先生，你真是让人烦死了'走出交易室，那时他愤怒得脸都变形了。屋子里静得掉根针都能听见。我们都几乎屏住了呼吸，面面相觑。要知道 X 先生有着棒球运动员般的体格，没有人敢惹他！随后 X 先生也走出了交易室，两人狠狠地打了一架！"

我们想象着那个场面……

但在这种时候情绪已经被夸大了，操盘手说的和想的并不一致，只是无意识、非理性的情绪反应。吵架、打架、激化矛盾，互相传染。其中并没有什么逻辑。

弗朗索瓦也亲眼见到过物品在交易室里飞来飞去，比如计算器和订书机。更清楚地说，他觉得"和其他地方相比，这种行为在交易室里更常见"！

成瘾

就像环法自行车赛的选手想要和后面的人保持距离，不让自己在上坡时被人超过一样，操盘手可能会用点儿"小窍门"，窍门很快就变成了成瘾的物质或行为。其实，心理力量并非总能调节压力，酒在操盘手的生活中似乎很常见。在弗朗索瓦看来："无须多说，在交易室里工作的人明显很能喝酒。我在几百家银行都看到过非常能喝的操盘手。可以理解，这个职业要求很高，酒精会让他们有掌控压力 [1] 的幻觉。"

---

[1] 研究数据表明，酗酒、肥胖、睡眠障碍、吸毒、离婚倾向都是非常有传染性的。换句话说，只要身边有酗酒或吸毒的人，你也多少会受到影响，让你比之前更容易酗酒或吸毒。

佩皮托也证实了这一点："我们喝得酩酊大醉，开始我们把它当成游戏，而很快这就变成了排解烦恼、解脱压力的一种习惯。我都数不清自己和同事有多少次把自己搞得疯癫怪诞、令人反感。早晨 6 点，醉醺醺地来到办公室，而你并不是在做什么无关紧要的工作，毕竟还要操作几千万甚至几个亿的资金。"

杰兰特·安德森（Geraint Anderson）总结说："我认为交易室里肾上腺素激增、工作的波动性、日常生活中的有毒情绪，以及早上 6 点起床的压力、通勤、冒充者综合征 ① 等都是导致我酗酒的原因，对我的人际关系也毫无益处！"

但另一种瘾是赚钱上瘾，操盘手们都是想赚更多的钱。巴斯卡尔在采访中讲述了一位里昂信贷衍生品经理的故事，他是巴黎最富有的人之一。

"他现在住在日内瓦，不再工作。他也不交税，已是废人一个。他酗酒，体重增加了 30 千克，成了个'四不像'。假退休的他，什么也没了，没有肾上腺素也没有金钱游戏的支撑。"

让–帕斯卡尔·B. 又给我讲了他前老板的故事："中风后，她离了三次婚，每一任老公都比前一任更有钱、更有权力。她有孩子，我们一起去纽约出差时，她就要花半天时间去迪士尼之类的玩具商店，成斤成斤地给女儿买礼物，弥补她不着家的缺憾。她的生活可以概括为：有钱有愁。"

---

① 冒充者综合征（imposter syndeome），又称自我能力否定倾向，指个体按照客观标准评价，已经获得了成功或取得成就，但是其本人却认为这是不可能的，他们没有能力取得成功，感觉是在欺骗他人，并且害怕被他人发现此欺骗行为的一种现象。——译者注

失去现实感

大脑一直高速运转后进入节能模式，不再努力感知身边的事物。数字就是数字，但数字背后隐藏着什么？某笔奖金相当于最低工资的几倍？这些问题都被忽视了。让－帕斯卡尔·B.说："有趣的是了解人最后是怎么接受不正常之事，认为那是理所应当的。"

说到这儿，佩皮托深有感触：

"开始干这行就会与现实脱节。我真正意识到这一点是在3年前，和我父母及他们的朋友一起吃饭时。那天晚上，大家就我的职业问了很多问题。那天我刚刚获得了职业生涯中金额最大的一笔资金——17亿欧元。大致来说，我的名义交易额达17亿欧元。一秒钟，我经手的交易就有17亿欧元。这个数字意味着什么，我完全没了概念。

"晚饭时，大家说交易员的奖金很高。我很熟悉的一个业内名人2006年和2007年获得了伦敦金融城里的最高奖金。他在高盛工作。我的父母和朋友于是就问我，他和我为什么能挣这么多钱。我回答说这很正常，如果你为公司多赚10倍的钱，你就会多挣10倍的工资。而今天我明白了，其实简单地将二者等同起来是不对的，这让我不禁反思。"

弗朗索瓦在法国农业信贷银行工作时，也有过与现实脱节的感受。"当我回顾做交易员的那几年时光，就像其他人回顾校园的青葱岁月时反省曾经青春年少的自己，我很难理解自己过去的行为。我想我曾经是进入了一种让人错乱的系统中。那时，我失去了对现实的感知，不知道哪些事情重要，哪些不重要。"

让－帕斯卡尔·B. 总结："以上所说的故事，都和凯维埃尔[①] 如出一辙，是在否认现实。"

离婚

美国的一项研究表明，离婚率最高的前 30 个职业中，操盘手、银行家、经纪人赫然在列。

让－帕斯卡尔·B. 说："第 4 次离婚后，你基本会碰上一个疯女人，骗走你的一半财产。我了解的很多操盘手和分析师的生活普遍都是如此。这一行的离婚率高得惊人，会让一个人性情大变，影响他们的心理平衡和工作业绩。我就见到过这样的操盘手，他们告诉我，他们的妻子可能受到利益的引诱，在法庭上做证说他们性欲反常，试图猥亵自己的孩子。诸如此类的离奇荒诞之事。"

事实上，离婚动摇了一些操盘手的观念，他们曾认为金钱足够多 = 家庭幸福。让－帕斯卡尔·B. 说："大多数操盘手觉得自己挣很多钱，有了钱他们就可以给老婆买首饰和定制高级服装，带她们去世界的尽头，住最美的豪华酒店，这就能保证家庭的幸福。"完全没必要了解两性心理或变成两性专家，质疑金钱足够多就是家庭幸福的想法。但"当我们在隧道里头也不回地向前狂奔时，很多显而易见的事都不幸被我们忽视了。"让－帕斯卡尔·B.

① 热罗姆·凯维埃尔（Jérôme Kerviel），前法国兴业银行金融与投资部门交易员，涉嫌在 2007 年至 2008 年初未经许可下多次交易欧洲股票指数期货，令该行损失 49 亿欧元，是历来最严重的银行诈欺案。——译者注

总结道。

所有离婚的人都倍感压力，操盘手也不例外。尽管澳大利亚的研究者发现，女性操盘手比男性操盘手更善于管理离婚引发的情绪。他们针对芬兰的男性和女性操盘手进行了长达17年的跟踪研究，对比离过婚和未离过婚的操盘手的业绩，得出的结论是：一般来说，刚离过婚的人业绩不如其他人。但令人惊讶的是，相较于男性，离婚后女性的业绩更容易且更快地恢复到了离婚前的水平。研究者解释说女性操盘手比男性操盘手更容易管理压力，而男性更难摆脱压力，导致他们会做出更多有风险的决定。

早逝

塞德里克告诉我，很多操盘手似乎都有过自杀的想法。一个记者写道："操盘手过于沉重的认知负担、情绪压力和对工作的过度投入，导致身体在巨大压力下崩溃，其所受压力之大如同回忆战争时的感受。"

他还提到了莫里茨·厄尔哈特（Moritz Erhardt）的案例，厄尔哈特是一名21岁的德国青年，在美林投资银行（美国银行的子公司）伦敦办事处合并和收购部门实习，这里的工作节奏和心态与操盘手很接近。他于2013年8月死亡，在此之前他连续在电脑前工作了72小时，为了分析图表连续3天不睡觉。调查结果显示，厄尔哈特死于癫痫发作，可能是由于压力和极度疲劳所致，具体原因尚不确定。

对于操盘手来说，工作不等于健康！针对欧洲、美国和澳大利亚603 838个样本的研究发现，每周工作超过55小时，中风的风险增加

33%，发生冠心病的风险增加 13%。而操盘手每周工作的时间至少是 55 小时的 2 倍，属于高危人群。

2014 年，警报拉响：美国银行、高盛、摩根大通、瑞士信贷和其他主要银行在内部向年轻的操盘手们发送信息，鼓励他们休息。但在喧闹的交易室中，这点警报会被听到吗？

情绪虐待

不平等的情绪传染

我通过调查发现，两类操盘手经常被"领头狼"的负面情绪传染。第一类是女性，第二类是没学历、没钱、没人脉、没技术的"无牙者"！

目标 1：女性操盘手

大家还记得我采访过的宇航员让－雅克·法维尔吧？他说："男女混搭是保证团队内良好情绪氛围的关键。"为了证明他的观点，他给我举了以下例子："'哥伦比亚号'的宇航员团队中有一位女性叫苏珊·赫尔姆斯（Susan Helms），她的存在很有效。男宇航员说话时很快就提高了嗓门，特别是在有点儿牛仔性格的美国宇航员之间。但大家从未发生过争吵，明显是因为有苏珊在。她就像维和部队或镇静剂一样，只要她在场，其他人就不想在她面前使用过于男性化的词。这是男女混搭团队的优点之一，所以未来长途飞行的团队也应该是男女都有。我觉得男女搭配对企业也一定有好处。"

除了在交易室，显然女人看起来更像是容易被捕获的"猎物"（参见根据真实故事改编的电影《华尔街之狼》）。

然而乍一看，企业的情况似乎都有改观。塞德里克说："近年来，女性的地位有了很大提升。交易室当然是一个男人的世界，但它也是一个非常盎格鲁–撒克逊的节欲之地，必须保持政治正确。如果任由男性操盘手以不当的方式对待女性，银行很有可能惹上官司。我一直看到的都是一些非常谨慎和正确的行为。

"当然，#HeForShe（"他为她"）或 #BalanceTonPorc（揭发那头猪）^①运动之后，情况有了改观，女权运动甚至变得更加频繁。但依然任重道远，正如我最终承认的那样：这仍然是个非常敏感的禁忌话题！"

以曾就职于美国著名投行杰弗里斯银行的一位女性交易员为例，她在 2014 年辞去在欧洲的职务后，向伦敦就业法庭（相当于法国的劳资调解委员会）提起上诉。她指控前雇主在公司内部鼓励大男子主义文化，她的男性前同事们将女同事视为性工具。在法庭上，这位年轻的女交易员说自己患上了适应障碍，交易室里的有毒情绪氛围导致她出现了焦虑和抑郁的症状。

2010 年，牛津大学对 450 名女学生进行的调查数据显示：85% 的人认为女性在金融服务行业中受到的（性别）歧视高于其他行业。

甚至还有人提出了一种"婴儿妄想症"：如果女性操盘手寥寥无几，那可能是"她们都回家喂奶去了"，保罗·都铎·琼斯提出了这一观点。他做对冲基金发家，是位古怪的美国亿万富翁。他的话曾在美国引起争议："我记得有两位女性曾和我一起在 EF Hutton（一家股票经纪公司）工作。1980 年，就在我准备创办自己的公司时，她们结婚了，然后就生了孩子。在我看来，孩子和离婚一样致命。当孩子的嘴唇碰到女人的乳房，在工作上就别指望她们了！"

---

① #BalanceTonPorc 为法国版 #Metoo 运动。——译者注

2019 年，性别歧视仍很明显。"在男性主导的金融圈里，女性想要被承认仍是非常困难的"，10 年前女操盘手兹塞特和安娜（化名）说"必须要很有幽默感且思辨敏捷"。不管怎么说，女性在行业里还是被区别对待。女操盘手的数量很少（一直都低于操盘手总数的 10%），很容易就能被区分出来。男性与她们的情绪交流似乎很直接，也不保持空间①距离，不尊重人与人之间无形的私人空间。

为了证明这一点，佩皮托给我讲了一个故事：

"我刚开始在巴黎工作时，一天，交易团队里的一位女操盘手 C 崩溃了。她的业绩还算不错，一切都好，除了我们的主管很强势，是个真正的牛仔。他的智商很高，毕业于名校，教会了我很多。那天，C 的股票有点儿小问题，她压力很大。主管就走到她身边，对着她的耳朵说了几句悄悄话。他说话时的表情恶毒又淫荡，我们由此猜测他一定没说好话。C 听完号啕大哭起来。

"大男子主义的上司刚责难了她，讽刺她业绩欠佳和她是金发女郎有关。他真的不该这么说，尤其是在 C 压力大的时候。但他还是肆无忌惮以挖苦人为乐，好证明"爸爸"才是一家之主。他永远不会如此讽刺一个男职员，只会避开众人，把他拉到一个角落，对他开诚布公。他在公开场合就敢侮辱女交易员，因为这么做不需要付出什么代价，他知道没有人会表示不满。

"交易室负责人能拿到多少奖金取决于其团队的表现，有时他就像中世纪的庄园主一样，在自己的土地上有着绝对的权威，甚至有性骚扰他人的权力……"

---

① 空间关系学解释的是人们如何运用空间进行交流。爱德华·T. 荷尔（Edward T. Hall）指出我们周围空间有 4 个区域，并且在交流中都有不同的意义。空间距离包括以下 4 个区域：亲密区域（18 英寸内）、私人区域（18 英寸—4 英尺）、社交区域（4—12 英尺）、公共区域（10—12 英尺及以上）。——译者注

佩皮托继续说："我见过很多女孩在环境的压力下丧失了自信，从前出色的她们失去了决断力。我想到了一个身在伦敦的俄罗斯女孩，她本来乐观阳光，工作上游刃有余。但秋天里的某一天，她却像被榨干了一般。很多同事对她重复说：'去，快点，让开！'她突然像死机了一样，呆滞绝望地盯着我，似乎全世界的压力都落到了她的肩上。30 秒钟的时间里，她什么事也做不了，什么话也说不出。了解交易室有多狂热的人都知道 30 秒有多么漫长难熬！"

但在佩皮托看来，在金融圈里工作的女性还会有更糟糕的感受。他曾在伦敦最大的股票经纪公司 High Cap 做过两年股票经纪人。他告诉我："在那里，你早晨来到公司，所有人都散发着酒气。你可以不知廉耻地放屁打嗝，早晨拿 36 个比萨来吃，蓬头垢面，没有人会对你说什么。一切都是肾上腺素作祟，股票经纪人比操盘手更直男！在此环境下，经常从他们嘴里听到各种不堪入耳的词语。

弗朗索瓦在法国农业信贷的工作环境对女性要友好一些（women-friendly）。他谈到了争论的另一个方面，说"看到很多女性过分利用着照顾女性的文化，有一部分人之所以成为大银行的董事，只是依赖性别配额，完全不是因为她们自身的价值。从道德上来看，这种现象也是不能让人接受的"。

他这样的观点掩盖不了女性在交易室里仍是很多男同事发泄原始冲动的对象这一现实。

目标2："无牙者"①

另外一类容易成为"领头狼"目标的是"无牙者"。

据弗朗索瓦·奥朗德的前女友所写，他曾用"无牙者"这个招人憎恶的词来划分那些贫困和不安的人们。在金融领域也有"无牙者"，尽管与前者完全不属于同一个类别，但他们也被排斥。这类操盘手没有名校学历（d）；银行账户上没有百万欧元（e）；没有强大的人脉（n）；也没有技术发明（t），比如创造出新算法，在同行中赢得声誉。在金融圈里，这类人的处境是比较危险的。

只要看看交易部门的结构就可以理解，银行里操盘手的构成是金字塔式。塔尖是前10%的明星操盘手，他们任性，要求的工资又高，极大地影响着部门里其他人的情绪。他们要是胡言乱语，整个团队都可能被"引燃"。中间60%的人业绩居中。他们每天早晨在同一时间到达办公室，完成的工作量也大致相同。再加上一点儿运气，他们会有一两次灵光乍现的时候。最后，在金字塔的底端是青训中心，主要由资历较浅的人构成，大约占职员总数的30%。这一部分人员流动很大，一年中可能有90%的新人都会离职，只留下非常有潜力的那10%。

铺垫完了，现在让我们更近距离地分析操盘手的特点，更好地了解他们的情绪。被"领头狼"视为失败者或弱者的操盘手似乎都有一个共同点，即学历上的"弱点"。我们知道"赢家"中，很多综合理工大学的毕业生会势利地鄙视巴黎中央理工学院的毕业生，后者也会鄙视学校不如自己的毕业生，

---

① 无牙者（sans-dent），在法语里，牙（dent）的4个字母分别是学历（diplôme）、欧元（euro）、人脉（network）、技术（technologie）4个单词的首字母，泛指没有学历、金钱、人脉、技术的"四无"操盘手。——译者注

鄙视链以此类推。

处在链条末端的人就比较惨了，非顶级名校的毕业生占操盘手的20%，他们有着"二流"商学院的文凭或非金融专业出身，比如文科专业。他们知道自己在公司中的地位非常脆弱，可能随时会被扫地出门。他们可能会受到很多贬低中伤的评论和侮辱，也就是消极的情绪攻击，是公司里的受气包。在进入公司时，他们的薪水也比较低。交易团队中的明星操盘手最多把他们当成手下，或就把他们看成是造物主的失误，是被误招进来的。

没有名校文凭（d）已经让人伤得不轻，如果同时也没有个人财富（e）、人脉（n）和技术（t），处境就极其危险了。弗朗索瓦·奥朗德说：

"操盘手是否轻易被压力、恐惧和焦虑情绪感染，很大程度上取决于他们的'安全区'。有三个元素可以在一定程度上让操盘手免受慢性焦虑和恐惧的困扰：人脉、个人财富和技术。有了这些就有了安全感，能大幅度降低被消极情绪感染的概率。

"先说人脉。一些操盘手身处有影响力的社交圈中，这类圈子在法国有很多。他们是巴黎综合理工的校友、共济会的成员，或是同一所高中毕业的同学。他们知道无论自己碰到什么，上面都有人罩着，会给他们递来'降落伞'或'安全垫'，让他们安全着落。和在危急时刻毫无准备的无名之辈相比，显然有背景的人感受到的有毒情绪更少。人脉的重要性对很多人来说都是一种痛苦，因为它并非一开始就是明确的游戏规则，而且也不公平。

"随后还有个人财富的因素（可能是抵御消极情绪最重要的防火墙）。有些操盘手挣了很多钱或家财万贯，不是靠每月月底领的那点儿薪水来维持生活，收入对他们来说就是零花钱。工作干得不顺了，说句'谢谢，再见'拍屁股就走，另谋高就或用自己的钱环游世界好几圈。他们几乎不会担心丢掉工作或吃了上顿没下顿。

"最后还有那些掌握技术的人。比如一个数学家可能发明了一种独特罕见的自动交易软件，能生产第三级衍生产品。他的技术被人垂涎，在银行里备受欢迎，发明者本人肯定也自我感觉良好。这种人是领导的照顾对象。

"我见过少数几个同时具备这三者的人，他们一手遮天，可以随心所欲，活得相当潇洒。"

弗朗索瓦本人只有法国高等商学院的文凭，其余三者他都没有：

"我是出生于南特市的外省人，上面没有人罩着我，自己也没什么钱和特别的技术。换句话说，交易室里的压力我感受得真真切切，不管我愿不愿意，焦虑这道坎都要克服！"

积极情绪真的存在？

有些人认为操盘手之间有着真诚的友情。那么这种友情如何衡量？有人对我说这就是指他们很容易互相熟悉，下班后还会一起去酒吧喝上几杯。

呃……

佩皮托认为，以上不过是习惯性的客套，要是不参加这一类的社交就等于被排斥。换句话说，表面上的其乐融融不过是假象，从微笑到轻拍后背，几乎都是强颜作态。

有些操盘手认为，尽管交易室里让人焦虑疲惫，其中积极情绪还是值得一提，但只有在"大赚了一笔"时才有。弗朗索瓦·奥朗德告诉我："一帆风顺的时候，我早晨嘴角上扬着跑到公司，而赔钱的时候步子就没那么轻快了。你会明白，如果计划顺利，交易室里很快就会被积极的情绪包围，在此情况下，我们会感觉大家都是好朋友。但这种感觉很快就没了，因为操盘手还要马上处理其他更复杂的问题。"

　　有些人提到了操盘手这一职业中的积极面，他们显然混淆了愉悦和肾上腺素引起的兴奋。快节奏的工作迫使操盘手的身体内会分泌一些物质来抑制痛苦，隐藏恐惧，提高身体在某些时刻的欣悦感。就像赛跑时服用了兴奋剂不知疲惫的选手，连肌腱疼都感觉不到。弗朗索瓦·奥朗德所说的"跑到公司上班"可能更多意味着满足自己的怪癖。

　　注意，我们并不是完全否认金融交易行业存在真正积极的情绪，只是积极情绪肯定少有，只在极少数的情况下才会出现，而且可能还有负面影响。在我采访的人中，一个交易团队表现出的积极情绪经常对周围的交易团队产生负面的影响。因为不要忘了，每个交易团队各立一派，狼的竞争意识非比寻常。让－帕斯卡尔·B.认为："银行里交易部门互相竞争，就像跨国公司里的各个部门一样，是独立自主、互相争斗的平行机构。"弗朗索瓦·奥朗德补充说："很少有人会因为周围人的成功而高兴。总体来说，操盘手都是非常个人主义的，从业时间越长越是如此。一个交易团队碰到了高兴事，周围部门因此产生的嫉妒多于喜悦或崇拜。一个人完成了一笔很赚钱的交易，他后面的人很快就会寻思自己能去哪里捞一笔。眼红的人经常会对自己说：'我旁边的人赚钱了，甚至可能比我赚的多，这是不可接受的！'"

　　于是眼红的人努力平衡自己的心态，告诉自己成功的操盘手只是刚好"处在合适的地方"，运气好碰到了"好客户"，在同样的情况下"无论谁都会成功，甚至比他做得更好"。对于一个操盘手来说，其他操盘手都是竞争对手。

　　在交易室里，脸上刚有点儿阳光，表现出点儿积极的情绪，很快就会被消极的情绪覆盖，阴云密布，就像伦敦金融城上厚厚的积雨云。因此相较于自然光，金融城的人们更喜欢办公室的灯光或调到最亮的电脑屏幕。通过这种方式，他们相信同事间的情谊是真诚的。就像吸进一口氧气，虽然氧气是化学合成的，但还是维持一点儿社交的必要成分。在此基础上，银行才能把每个员工榨干。

聚焦情绪

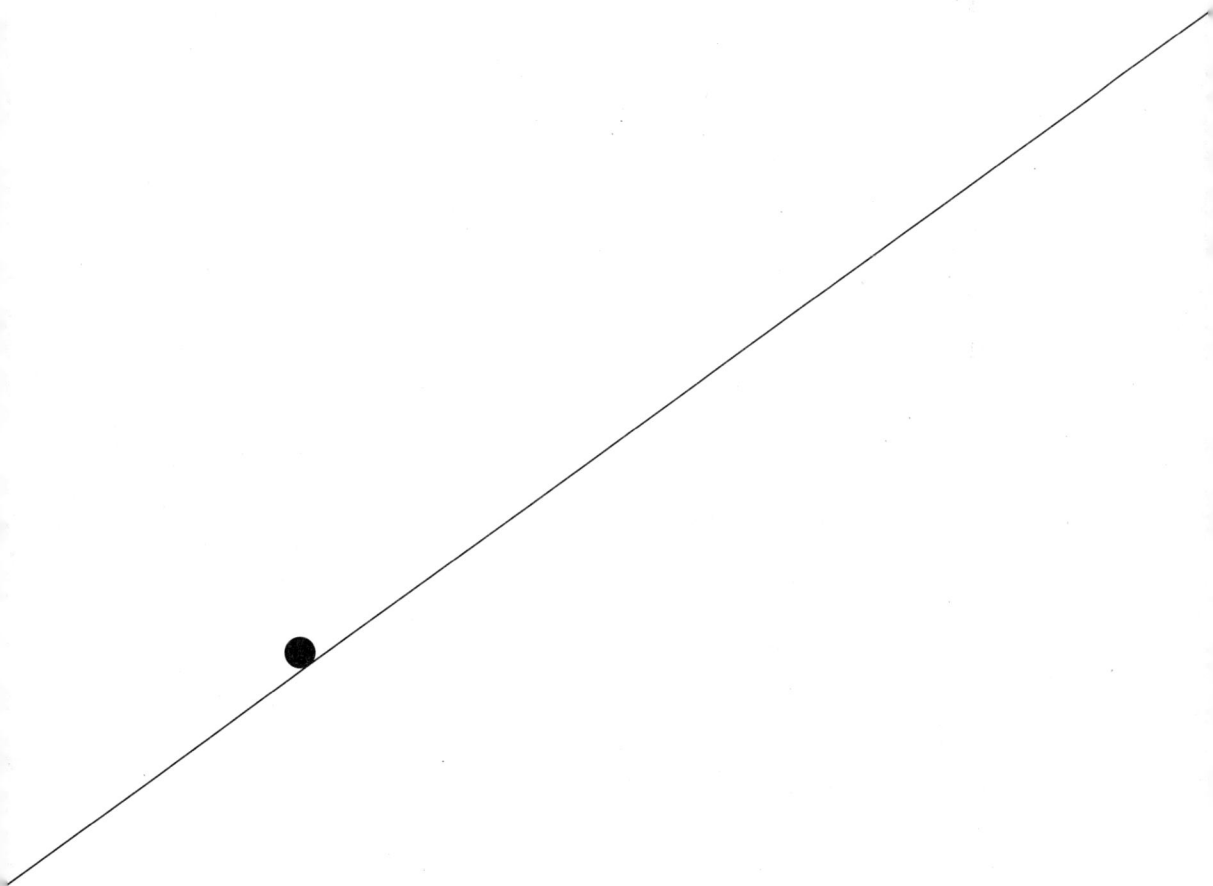

有毒情绪的根源

消极情绪的源头

通过前文对交易室中强烈的情绪氛围的描述，我们意识到：办公室中消极情绪传染加剧时，会产生一系列非常令人困扰的副作用，比如失眠、消化系统紊乱或行为障碍、心血管问题、与同事和伴侣关系紧张、感觉崩溃、无法平衡工作和个人生活，等等。同样的，如果你的工作环境也令人焦虑、要求严格，问问自己：我是否做好准备，承担工作对我的身心健康造成的风险？不要逃避这个问题，否则某天你可能会变成靠药物维持生命的行尸走肉，游荡在私人诊所的走廊上。他们有两个共同点：其一，欺骗自己的时间太久；其二，未能摆脱工作环境里有毒情绪的侵蚀。

预设的大脑

操盘手的案例让我们放大并仔细观察消极情绪的传染。心理学家瑞克·汉森（Rick Hanson）曾写道："消极情绪前，大脑就像维可牢

（Velcro）尼龙搭扣；积极情绪前，大脑就像铁氟龙（Téflon）[①]。"他的意思是说相对于积极情绪，抑郁和焦虑之类的消极情绪更容易传染，对此现象有神经学解释。

科学家发现压力会特别激活大脑中一个杏仁状的小核，即杏仁核，位于颞叶的前内部，在前文中已提到过。在碰到危险和威胁时，边缘系统的杏仁核会变得活跃，引发几个生物反应：下丘脑被激活，脑垂体分泌促肾上腺皮质激素，肾上腺皮质"制造"皮质醇（压力激素）……

当然，杏仁核并不是只与消极情绪有关。研究者进行的一项元分析（筛选了385份科学研究报告，报告针对5307个样本进行了1324项实验）显示，恐惧和反感的情绪比幸福等其他积极情绪更活跃。似乎大脑的预设就是更容易捕捉到消极情绪。

其实众所周知，公司里的职员经常能感觉和分享的情绪多是烦恼、焦虑、绝望、悲伤、负罪感、耻辱、嫉妒、愤怒、担心、蔑视或恐惧，而不是喜悦、希望和同情。近期的研究也显示：脏话在工作场合是很常见的，也极具传染性。

共同点：压力

在我看来，一个人若想保持一定的心理平衡，了解有毒情绪产生的原因和影响至关重要。除了"华尔街之狼"或像操盘手一样快节奏生活的人，还有很多人会被工作场合的有毒情绪传染。

---

① 铁氟龙是一种人工合成的高分子材料，具有抗黏性、耐热性、抗湿性、耐磨性、抗酸抗碱、抗各种有机溶剂（几乎不溶于所有的溶剂）等特点。——译者注

比如很多公司职员都会感到有压力，相关数据也令人担忧。一家职场健康专家机构在法国进行了一项研究，调查了 32 137 名职员，他们来自不同领域的 39 家企业。其中 24% 的法国雇员，无论是不是领导，都处在巨大的压力之下。这种压力对他们自身的健康（过劳、抑郁、心血管风险等）及所在的公司 [1] 都非常有害。

研究还显示，在参与调查的职员中，女性，45 岁以上，和在自己岗位上工作超过 25 年的人最容易有压力。毫无意外，压力最大的地方当然是"狼之领地"（金融行业），但很多其他行业压力也很大，比如"人类健康和社会行动"、"艺术、演出及娱乐"和服务业等。

---

[1] 30% 的停工都是因为压力，据欧洲职业安全与健康署和国家预防工伤和职业病安全研究院估算，公司平均每年为一位因压力停工的职员所付的费用是 3500 欧元。

搞垮一个团队只需三个步骤

传染一个团队需要多长时间？

压力是如何传播的？

密歇根大学的两位研究员针对 70 组样本进行了研究，每组有 4~8 人，他们都在不同领域从事不同的职业，有会计、医护人员、计算机专家、乘务员、网页设计师、公共关系负责人等。结果显示，在一起工作两个小时后，同一组的所有成员就会被同一种情绪感染，无论这种情绪是好是坏。

但或许情绪传染一个人或团队的速度更快，能迅速让人消沉或振作，如果我们相信哈特菲尔德和其同事的观点：

"情绪传染的过程极快。例如跑步快如闪电的穆罕默德·阿里，190 毫秒才能发现一个光信号，再过 40 毫秒才能出拳回击。而在一项实验中，只需 21 毫秒（在电影院投射一张图片的时间），受试学生的动作和情绪就会无意识地自动与身边的人同步。在计分板上，情绪传染 VS 卡修斯·克莱的上勾拳，比分为 1 : 0。"

一个团队处于强烈的有毒情绪之下会遭受不可磨灭的恶果，比如一场进展不顺利的会议，有人在会上说了尖酸刻薄的话，产生了有敌意的摩擦，由此翻起旧账，互相攻击或指责，整个团队的心理及工作环境都会受到影响。

传染源是什么？

性格迥异的人聚在公司里一起工作，有些人像狐狸一样狡猾或像猴子一样滑头，而有些人天真老实得像个傻大姐；有些人像鲤鱼一样沉默不语，而有些人像喜鹊一样叽叽喳喳说个不停……总体而言，有些人确实不是善碴儿。他们是有毒情绪的根源所在，会引发消极情绪的蔓延。

在公司里，我们都要和其他同事打交道，他们的行为、话语、评判都会影响我们的情绪，使人痛苦。前文中提到的职业健康局的专家研究显示，分别有21%和14%的法国雇员不得不和没礼貌或以折磨人为乐的人共事。

这些有毒的人被称为"浑蛋"。"浑蛋"这个大众词汇被斯坦福的一位"重量级"教授引入学术著作。2007年，罗伯特·萨顿（Robert Sutton）博士发表了一本书名挑衅的书——《拒绝浑蛋法则》，该书成了世界级的畅销书。在他看来，企业里的浑蛋可能是你的领导、同事、客户或你自己。害群之马的存在（这种人被称为"名副其实的浑蛋"）会偶尔或长期让团队甚至整个公司处于沉重的氛围下。

浑蛋的有毒情绪会完全传染他周围的所有人。社会心理学教授皮特·弗罗斯特（Peter Frost）说："这些情绪就像一种有毒的物质，消耗着其他人和整个团队的活力。"在萨顿看来，"浑蛋散播的有毒情绪、粗话、辱骂、消极怠工，传播的速度像森林大火一样快"。研究者认为公司里最有传染性的10种有毒情绪是：愤怒、恐惧、焦虑、悲伤、嫉妒、绝望、无聊、负罪感、担心和蔑视。

12 种"浑蛋言行"

为了贬低、侮辱和侵蚀受害者，浑蛋会采取一系列有害身心的行为。萨顿列出了其中的 12 种，称之为"浑蛋言行"。

（1）对他人进行人身攻击。

（2）侵犯他人的私人空间。

（3）强迫别人接受冒犯性的身体接触。

（4）大声威胁，进行语言或非语言上的恐吓他人。

（5）用挖苦的玩笑和戏弄掩盖自己闹人的话语。

（6）发送尖酸刻薄的邮件。

（7）评价别人的社会阶层或职业地位。

（8）公开指责侮辱他人。

（9）粗暴无礼地打断别人说话。

（10）伪善地攻击他人。

（11）用带有恶意的眼神看他人。

（12）把别人视为空气。

读到这里，一般我们的脑海里就已经浮现出了身边"浑蛋"的名字或样子。我想到了蓝色海岸一家著名豪华旅馆的经理，当时我还是一个满脸长痘的实习生，在一家同样知名的酒店集团公关部门实习。他对我们的女领导怀恨在心，几乎每天早晨都是飞快地走进办公室，带着一张充满怨念和因愤怒而涨红的脸。他步履坚决，就像准备和对手打架的拳击手。他刚一进门就开始吼叫，我们的女领导及其助理就恼火地看着他，她们似乎已经习惯了这种每天早晨的大吵大闹。有几天，他甚至会站到一个椅子或桌子上，就像海德公园的呐喊者①。他破口大骂完，气马上就消了，脸也不红了。然后他继续请大家吃饭，就像什么都没有发生一样，嘴角带着邪恶的微笑。他让我想到了河豚，这种鱼有剧毒（小心缩成一团的有刺的鱼），还能像气球一样充气、放气。

社会比较

一个公司里真正的问题在于领导就是那只"河豚"。美国的一位企业家切普·康利（Chip Conley）说："50% — 70% 的团队情绪，包括大部分合作伙伴最常感受到的最强烈情绪，都直接受到领导情绪的影响。"领导可能是企业领袖或经理，他所在的位置决定了大家对他的关注度，也使得他的情绪特别具有传染性。在本书开始时，我重复说过情绪传染是一个原始、无意识的过程，但实际上存在另一种更加有意识的情绪传染，即我们所说的社会比较。

出现社会比较时，情绪的接收者完全意识到情绪的发出者的社会地位或阶层地位比自己高。在我们碰到的情况中，员工只是努力模仿老板的情绪，要么是为了变得像老板一样，要么是为了让老板对自己有个好印象。一位法国大企业的领导曾对我说："公司各层的所有人都很关注你的情绪。如果他们看到老板来的时候带着微笑，就知道他心情不错，这对所有人都好……相反，如果老板拉着脸，所有人都会愁眉苦脸！"领导决定着所有人的情绪状态。

---

① 当一个人用力表达强烈的情绪时更容易传染他人，因为这些情绪更加明显可感。想想每周日在海德公园演讲者之角自由演讲的呐喊者，他们站在椅子上高声朗读自己的稿子，吸引路人的注意。

　　你会明白，恼人的是领导把有毒情绪传染给其他人，就像前文提到的蓝色海岸豪华酒店的"河豚"经理。尽管多年来我的上司女领导在不断让步，但她仍受到了影响：皮肤上的红斑显示着她承受的巨大压力，她有睡眠障碍，对自己没有信心。人的身体会吸收毒素，当身体健康时，毒素会被自然排出。但如果毒素积累，排毒就更加困难，会产生危害。消极情绪也是同理。

　　更令人悲伤的是，我看到我的上司女领导慢慢发生了改变，她不知不觉似乎也变成了"浑蛋"。她也开始折磨自己的助理，在我离开后不久她的助理也辞职了。我在她手下干的时间不够长，没看到她完全的转变。但我希望她能够找到合适的应对方法，不再做"浑蛋"。

　　因为浑蛋的反复辱骂刁难就像吸血鬼的咬痕一样，会让受害者也变成吸血鬼。萨顿说："经常和浑蛋在一起的人会变得与之一样。有时一个难缠的人就足以让浑蛋行为在公司快速蔓延，最后浑蛋越来越多，必然会给企业造成损失，即浑蛋成本：失去工作动力，工作氛围变差，雇员身心健康恶化，团队中职业过劳和缺席率增加，企业的社会形象不佳，等等。"

远离职场浑蛋

从难缠的人到危险的人

有几条路会引人做出毒害他人的蠢事。职场上有几类难缠和危险的人，心理学家罗兰·金查德（Roland Guinchard）统计了其中的几种。

难缠的人中有些人有以下特点：患有癔症、非常容易情绪激动、有交替性精神病、喜欢到处传播流言蜚语、为了抬高自己而夸大事实、很快被所有人讨厌、经常抱怨、对自己的处境不满、总是与成功失之交臂、在不合适的时候说一些不该说的话、很容易翻脸不认人、把个人生活和职业生活混为一谈、把自己的私事说给别人听。

"危险"的人中包括偏执狂。他们会破坏整个团队的士气，扮演受害者的角色，好像他们从来都没有错，都是别人的问题。在同事眼里无关痛痒的小事，比如有人向他们借了一支笔或没有关好他们办公室的门，都会让他们大发雷霆。如果他们感觉受伤或被排挤，即便只是他们自己的想象，他们也会像头自卫的狮子一样，做出过分的行为，随时准备上诉或向主管部门写邮件或信件投诉。有点儿自大的偏执狂可能有时多疑、冷漠、伤人。和他们走得近的同事很少，如果有也是和他们特别相似的人。

自恋癖患者

但专家认为，职场上最危险的是自恋癖患者，他们会一点一点地毁掉别人。受害者越痛苦，他们就越有存在感，于是他们就越猖狂。最适合用来形容这些人的词有：诱惑人、操纵人、谄媚、冷漠、愤世嫉俗、毫无顾忌、自负、自恋、以自我为中心、爱说谎、残忍、残暴等。他们经常很伪善，不要相信他们的外表。自恋癖患者其实是深藏不露的情绪"吸血鬼"。他们吸食受害者的情绪，直到把其掏空，从别人身上吸走自己嫉妒却未能拥有的一种生活。在他们想要努力营造的美好社会形象的背后，隐藏着一头冷漠无情的野兽。他们不知道什么是罪恶和同情，毫不内疚地伤害着别人。

他们总是想把脚踩在其他人头上，比如努力谋求一个承担责任的岗位，刻意制造自己与其他同事之间社会阶层的不平等。为了保持这种阶层差异，他说服自己和周围的同事相信当事情变糟时永远都不是他的错。于是他就可以一直都不怀疑自己，对自己的本质视而不见，最后对自己创造出的自我深信不疑。"这是一种让自己免受各种内心痛苦和矛盾的方式，他将矛盾和痛苦转移到他人身上，抬高自己的价值。"精神病医生保罗－克洛德·雷卡米尔（Paul-Claude Racamier）如此写道，是他创造了"自恋癖"这一概念。

受自恋癖患者影响的人不断被贬低，失去了自信，但这并不是一两天的事。其实，自恋癖患者会巧妙地让受害者慢慢产生各种不愉快的小情绪，比如焦虑、怀疑、愤怒或悲伤，比如开始似乎无关痛痒的贬低、潜在的威胁、没有遵守的承诺、令人不悦的暗示、毫无根据的批评、玩笑式的侮辱，逐渐让受害者失去工作能力，行为越来越咄咄逼人，同时又忽冷忽热。最后，这些惯常的情绪让受害者的精神错乱。于是，自恋癖患者的目的达到了。

处在自恋癖患者控制之下的受害者，即便感觉到事情有点儿不对劲儿，也难以完全意识到问题所在。这也是被巧妙操纵的人所具有的特点。在完美先生／小姐的面具被揭下之前，他们已经伤人很深。

面对这些非常有害的人，似乎只有一种真正有效的战略：与他们保持距离，避免单独和他们在一起。说起来容易做起来难啊……

浑蛋测试 40 题

你想知道自己是不是职场上有毒情绪的源头？以下是我自娱自乐为本书专门设计的一个小测试，我把它命名为《浑蛋测试 40 题》。你可以把它看成是一个衡量你在职场上浑蛋程度的简单粗略指标。

试着诚实地回答以下问题，我可不是你的老板！

问题	回答	
我的座右铭是："有得必有失。"	是	否
我有时会伤害同事	是	否
工作上有很多事会让我愤怒失控	是	否
我感觉自己在工作中散发的负能量比正能量多	是	否
来到单位我不是经常对同事说"早！"以及／或得到其他人帮助时我也不常说"谢谢"	是	否
大家都知道我经常抱怨	是	否
我感到满意或做成了点儿事时，很少表露喜色	是	否

《浑蛋测试 40 题》续表

我邮件的内容和语气经常会伤害收信人	是	否
我认为和公司其他人发邮件时，有必要习惯性地抄送给其他人，即便邮件的主题和内容对收信人来说似乎是"私人"的	是	否
我有话要说时不会转弯抹角，即便这样可能会伤害到其他人	是	否
我经常觉得自己的想法和意见比其他人的好	是	否
有时我会嫉妒其他同事的成功，最后对他们心生厌恶	是	否
我觉得在工作时就该给其他人施加压力，他们才能有所行动，表现得更好	是	否
我在工作场合很少开玩笑，认为办公室不是开玩笑的地方	是	否
我很喜欢取笑同事或强调他们的错误，因为爱之深，责之切	是	否
和上级谈判（薪水或其他问题）时，我会把自己的表现和其他同事比较，并点出他们的姓名	是	否
我经常打断其他人说话	是	否
我和人讨论时，喜欢近距离地对着他们说话，好令他们"折服"	是	否
很少有同事愿意和我吃饭或喝咖啡	是	否
我很少注意同事对我说的话，他们说话很少能引起我的兴趣	是	否
我总是努力获得最后发言权，这是关乎荣誉和智慧的问题	是	否
我感觉在走廊里很多人都会避开我	是	否
我已经把一个或几个同事搞哭过	是	否
当我做成了某些事，就会不惜一切代价让所有人都知道此时，我会大声说话，行事夸张	是	否
通过对某些我眼中的弱者进行情感勒索，我收获不小	是	否
我很擅长让人内疚	是	否
和同事讨论时我很少向他人提问，我更喜欢让自己成为大家的焦点	是	否

《浑蛋测试 40 题》续表

我挑剔一切，这是我的天性	是	否
我会把别人告诉我的秘密重复说给其他人	是	否
别人觉得我狂妄自大	是	否
我喜欢抱怨，实在没办法控制自己	是	否
我总是看到事物消极的一面	是	否
单位同事给我起的外号含有贬义，不中听	是	否
我是个记仇的人，什么都记着每次有必要的时候，我就毫不犹豫地把旧账都翻出来	是	否
对我来说，揭发他人易如反掌	是	否
我不喜欢在"幼稚"的环境里发展，那里所有人似乎都满意幸福	是	否
我有时会对工作上接触的人不怀好意	是	否
我曾试图吓唬一个同事，大声威胁他	是	否
我很喜欢在公司制造不和	是	否
我已经侮辱过一个或几个同事	是	否

你的分数

回答"是"计1分，回答"否"计0分。

最后获得的总分就是你的浑蛋指数。

分数解读

0~5 分：对于身边的同事来说，你似乎无有毒情绪（除非你没有诚实作答！）。

6~15 分：你表现出了一些有毒情绪的信号，可能会影响身边的同事。你有必要反思一下自己的行为和态度，以避免变成一个非常令人讨厌的人。

高于 15 分：你已越过红线，表现得非常冷漠，有很多有毒情绪。你表达出的消极情绪会传染身边的同事。你急需在情绪专家的引导下开始审视自我，避免给自身及他人造成更大的损失。

反洗脑从情绪预警开始

小心那些"大师"！

在有毒人群中，有一类人被我称为"大师"。这个词可能有消极的含义，在金融圈里经常被使用。

回忆一下那些有亿万身家的投资者、"一举惊人"的明星操盘手、能在华尔街呼风唤雨的专业记者，他们能主导鱼群般的操盘手前进的方向。这些金融圈的大师完全是通过情绪操纵他人，尤其是针对盲从的操盘手。

说到这儿我想到了马丁·斯科塞斯执导的影片《华尔街之狼》中一个虚构的场景（完全是即兴表演）。片中美国演员马修·麦康纳（Matthew McConaughey）饰演马克·哈纳（Mark Hanna）一角。他是罗斯柴尔德公司的明星股票经纪人，非常疯狂，个人生活非常糜烂。这位金融圈的大师和乔丹·贝尔福特（莱昂纳多·迪卡普里奥饰）在一家大餐厅里共进午餐，给了当时初出茅庐的贝尔福特很多建议。他通过制造亲密的氛围吸引贝尔福特的注意力，每次他感觉猎物要逃走时就唱起《留在我身边》①，中间还穿插着大幅度的动作，为贝尔福特勾勒了一幅新的蓝图，就像雄孔雀开屏催眠雌孔雀。吃完饭，金融圈大师竟然令人吃惊地唱起了战歌，同时用拳头疯狂敲击自己的胸膛，邀请贝尔福特旁若无人地模仿自己。贝尔福特开始有点儿尴尬，最后还是照做了。在大师的要求下，他继续一个人跳着即兴的战舞。学徒和大师如此融为一体，说明很快就完成了自上而下的情绪传染。尽管这一电影场景是部分虚构的，但也强调了 α 到 β 之间的情绪传染何等迅速。

我们都知道不仅在金融圈里有大师，自然还会想到所有宗派大师，有些专制的宗派领袖因怪诞致命的举动而登上了媒体头条。和金融圈的大师一样，他们的化名有时很荒诞，比如摩西·大卫（Moïse David）、麻原彰晃、大卫·科雷什（David Koresh）、雷尔（Raël）、唐（Tang）或吉尔伯特·布尔丁（Gilbert Bourdin）。有人说，越大的谎言越容易瞒天过海。

反邪教专业律师丹尼尔·皮克丹（Daniel Picotin）说："这些人大多都受过家庭的创伤或职业生涯一事无成。他们伪造虚假的个人经历，变成了深谙操纵之术的大师。他们（我用'他们'是因为女大师罕见②）很快就控制了受害者的情绪，慢慢伸出可怕的魔爪。陷进圈套的教徒身心受限，无路可走。要让教徒摆脱有毒情绪的传染很困难，如果其被传染的时间长就更难排除有毒情绪。"

---

① 英文歌曲 *Stay with me*，歌手 Sam Smith 演唱。——译者注
② 丹尼尔·皮克丹认为："大师中的男女比例和一般犯罪的男女比例一样，90% 都是男性……"

我们都有可能被影响，尽管对操纵的抵抗力有个体差异，也和每个人所处的人生阶段有关。一些专家[1]认为，两个年龄层的人更容易被操纵：18~25岁的年轻人，他们结束了学业，离开家后发现只能依靠自己；45~60岁的人，开始自问生存的意义，比如在离婚或失业后……

经过科学研究，我还要对此加以补充。如果你是：

GG等位基因的携带者[2]，该基因控制催产素（一种多肽荷尔蒙，也被称为"恋爱荷尔蒙"）受体的产生；

大脑中的镜像神经元比较多（每个人大脑中镜像神经元的集中程度各异）；

女性（尽管这并不是充要条件）；

年龄在50—60岁之间（女人一生中荷尔蒙发生变化的重要阶段）；

你阅读大量（虚构）的文学作品；

喜欢刷剧（一次看一部电视连续剧里的好几集，不顾时间流逝）；

喜欢听杰夫·巴克利的《哈利路亚》、诺拉·琼斯的《跟我走吧》、比利·霍利迪的《我的全部》或皇后乐队的《一件疯狂的小事叫做爱》、金属乐队的《睡魔入侵》。

你很有可能更容易被其他人的情绪传染，所以也容易被大师散播的情绪影响。为什么？因为如果你满足以上大多数条件，你肯定是一个有同情心的人。换句话说，比如在讨论时，你很容易就站在他人的立场上思考问题，对他人的情绪感同身受。

---

[1] 临床心理学家、教派专家桑亚·日格拉（Sonya Jougla）2000年在法国电视2台《这还有待讨论》节目中提供的数据。

[2] GG等位基因的携带者在面对他人时倾向于保持眼神交流、露出微笑且身体姿态热情。

爱的轰炸

更具体地说，这些大师如何开始笼络受害者？随后他们用什么方法把受害者的心囚禁在邪教组织里？如何解除魔咒免受情绪传染？

这些老道的操纵者巧妙地利用我们的情绪，像很多的自恋癖患者一样，他们首先想尽办法用积极的情绪轰炸我们。爱和希望代表着两种炸弹，大量投掷打中目标时，会引爆一个人，毁掉他最基本的信仰和原则。

大多数大师开始阴险地接近受害者时，向其表现出强烈的爱或友情（专家称之为"爱的轰炸"），让被轰炸的目标感觉找到了"真正"的知己或家人。他们特别会抚慰猎物的自尊心，阿谀奉承让其放松警惕，就像寓言中对乌鸦甜言蜜语的狐狸。一开始他们让猎物觉得自己不可或缺、独特，用努力和决心向其证明自己已准备好爱他，这种爱和其他人的都不一样。让受害者认为过去周围的人都没有发现他真正本性中的潜力和独特性，而大师一眼就发现了。由此大师被赋予了近乎超自然的力量，自动俘获了他人的信赖。又一次印证了——谎言越大就越容易瞒天过海……

在引诱阶段，大师向受害者的大脑投掷百万吨的特殊情绪炸弹——希望。这种情绪激发了一种积极的倾向，让人竭尽全力去实现愿望和目标，不惜牺牲一切或承担损失。

大师又是怎么做到这点的？他承诺一个幸福的未来、更好的世界、永恒的生命，成为一个温暖的集体或完美家庭的一员等。他们知道如何适应自己所面对的受众的欲望采取行动。

蒂埃里·蒂利（Thierry Tilly）被称为"精神操纵界的达·芬奇"。据反邪教专家所说，蒂利可以本能地发现对话者的心理状态。他引诱病人时说，听了他的教诲病就会痊愈；引诱野心勃勃的人时说，听了他的教诲就能成为精英，获得超凡的能力，或拥有摆脱单调乏味处境的力量……《邪教》一书的作者伯纳德·菲莱尔（Bernard Fillaire）和珍妮·塔韦尼耶（Janine Tavernier）写道："邪教戴着很多的面具，面具下掩盖着现代人的所有梦想。"时机很关键，因为人们认为这些梦想未来才能实现，而未来经常是不确定的或非常遥远的，才给了大师作恶的时间。

声音的变化

大师确定了受害者的基本需求后，就会像不择手段的销售员一样，以帮助受害者实现梦想为诱饵，引诱受害者上钩，自愿加入他的教派。上钩后，大师就会要求金钱回报或其他形式的让步。为了引诱和欺骗受害者，他们会使用一种极具说服力的工具：声音。他们通过声音传递情绪，吸引人的注意力，传染受害者。

让我们听听哈特菲尔德和她的同事们怎么说。

"研究者证明，基本的情绪，比如喜悦、愤怒、悲伤等，可以通过说话时特有的语调、音质、节奏和停顿来表达。换句话说，每一种情绪都有独特的声音标志。当人们幸福时，发出的声音具有以下特点：振幅变化小、音调变化小、语速快、声音包络尖、谐波少。有趣的是，我们在谈话时倾向于模仿对方的口音、语速、重音、声音基本的频率、回答的时间、停顿以及每次说话的时长，以此来社交。模仿他人的声音会对我们的情绪状态产生很大的影响。"

为进一步探究，我首先尝试在人工智能的帮助下，发现法国著名大师声音背后隐藏的情绪。我使用了一款智能手机软件 Moodie，据其发明者称，这款软件可以通过声学参数发现声音中隐藏的情绪。这款软件出名是因为卡恩在索菲特酒店的性丑闻事件后，他在法国电视 1 台晚间八点新闻节目中面对主持人克莱尔·莎萨儿（Claire Chazal）首度发声，节目组就是使用该软件检测卡恩的情绪状态。

我用 Moodie 软件分析了雷尔的声音。这位星系大师的外形很有太空感：白色长袍，小发髻，留着山羊胡子，脖子上围着圆形大徽章。70 多岁的雷尔自称是埃洛希姆的使者。埃洛希姆是外星人，它们有着橄榄绿的杏仁眼和长头发，在 25 000 年前创造了人类。我用软件分析了雷尔[①]2010 年针对非洲独立 50 周年的主题发表的演讲，结果显示他似乎"想要传达友爱"，他的"交流是积极的"，"语调友好、快乐、和谐"，他感觉到了一种"热情"，有着"坚定的信念"和一种"意识形态的信仰""为他的使命赋予了意义"，鼓励他"达成既定的目标"。

雷尔似乎完美地应用了前文提到的"积极情绪轰炸"。

其次，Moodie 只是一款分析能力有限的软件。我邀请了治疗发音障碍的著名医生伊丽莎白·弗雷内尔（Elizabeth Fresnel）博士，从声音的角度细致分析了雷尔的 10 分钟采访视频，顺便也请她分析了臭名昭著的邪教——太阳圣殿教的创始人吕克·茹雷（Luc Jouret）和科学教之父罗恩·哈伯德（Ron Hubbard）的声音。

---

① "雷尔运动"1995 年被议会列为邪教。

雷尔的声音（创立了同名邪教）

弗雷内尔博士认为，雷尔"加重很多单词的第一个音节。比如 colonisation（殖民）或 pollution（污染），他会重读用粗体标出的部分。这能增强他的信念力量，引起听者的注意。他的声音很响亮，有点儿阿列省口音，显得真诚可靠。他的语速较快，有时甚至说得着急，吞掉了一些辅音。他还有一些舌部动作，以湿润因不停说话而干燥的口腔"。

几年前，我针对部分大企业家进行了一项实验，发现语速更快的领导者能激发管理委员会里合作者的积极情绪。尽管语速快会让他们出现一些失误：他们会吞掉一些音节或犯一些小的语法错误。但是"听众"并不会因此苛责，相反，他们认为这些语言上的弱点是人情味及真实性的体现。和政客给我们大量灌输的演讲完全相反，后者冰冷、精雕细琢、句法完美、声音标准，但让人感觉到刻意的准备和阴谋手腕。

弗雷内尔博士继续说：

"有时雷尔甚至会破音，说明他说话时激情四射，经常用声过度。他也会把一个词或句子重复好几遍，好让话语更清楚，进一步把自己的想法强加给他人。尽管他的语速快，用重音加强自己的讲话，但词句的重复使得讲话的韵律平淡，对教徒有催眠效果。在单调的声音哄骗下，他们放弃抵抗演讲者的控制。"

吕克·茹雷的声音（创立了太阳圣殿教）

"他的声音是中低音，下颌较紧，嘴张得不是很大，眼睑低垂。"眼睛看着鞋可能让人认为他被"内心的情绪冲突"折磨着。我用 Moodie 软件分析的结果便是如此。

弗雷内尔博士继续说："吕克·茹雷多次用舌头舔嘴唇，因为和雷尔一样，他的嘴干。他的声音有点儿甜腻似蜜。他有点儿用声过度，可以看到他脖子上血管鼓起。"

他的声音也是"旋律平淡，可以给受害者催眠"。

罗恩·哈伯德的声音（创立了科学教）

"他的嘴巴很大，说话时永远不会闭上他的大嘴唇。他不出声的笑令人不安，有点儿金属音色，声音低沉，下巴突出。和前两个人一样，他的声音也几乎没有旋律。"

你可能已经注意到，据弗雷内尔博士的分析，这3位大师的声音都"缺少旋律、语调高低的变化比较少"，这起初让她非常惊讶。她过去一直在寻找有魅力、善于沟通者的声音特质。她说："一般来说，音调越是单一，越有美感，越利于沟通。"但和光明相比，大师们更喜欢黑暗。所以大师的声音也是低调的，"让人感到他很平静，制造令人安心的假象"，她分析时强调，大师们单一的语调就像有些催眠师，他们用一种奇怪的声音让客户放松，以便在其精神中植入一个观点或信念。

这与宾夕法尼亚大学大卫·普斯（David Puts）博士及其团队的惊人发现一致。他们进行的一项研究结果显示：用单一的声调说话经常会产生催眠的效果，对听者来说可能极具吸引力。实验中，他们要求111位男性分别诱惑一位女性，测量他们音调（或基本的声音频率）的变化。在诱惑时说话声音单调（声音频率变化较小）的男性似乎更能吸引女性。在她们看来，单调的声音代表着一种安静的力量，一种权力，一种天生的权威，一种高人一等的自信。

集体感

等受害者进了邪教的门，大师们就悄悄关上了门。一旦进来就出不去了，一方面是为了让邪教壮大，另一方面是避免其逃脱后透露有损教派的事情。这就是大师和他忠实的信徒们囚禁新教徒的方式。

他首先对着新入教的人低语，让他不要和外界接触，比如不要和朋友或家人联系，不要相信媒体散播的"假消息"。如此就在他的周围建立起了一个真正的心理防火墙，只能听大师的教条和真言。白天的每一刻，甚至在身体困乏、头脑混沌的夜里，受害者们遭受着大师"真言"的狂轰滥炸（通过大师的布道者，反复诵读咒语或与其他教徒的讨论），他们之前坚定的信念和世界观几乎完全被重塑。

他们被"紧紧"地包围着，连思考和质疑的时间都变少了。索尼娅·朱古拉（Sonya Jougoula）是一位临床心理学家和邪教危害专家，她向我解释说："很多时候，情绪在教徒之间横向传染，大师之所以能永恒，邪教团体在其中发挥了重要作用。教徒们以口传口重复着大师说过的话，教条和信仰像经过了共鸣箱一般，被传播扩散。"

于是传染的方向由纵向（在诱惑／钓鱼式攻击阶段，从上面的大师传给下面的教徒）变为横向（教徒间互相传染）。这是牛顿摆的原理。你知道什么是牛顿摆吗？该装置上有几个质量相同的金属球，每个球被两条线拴着，挂在两根铁棒上。拿起最边上一个球并放开时，就会撞击相邻的球，另一侧的球则会被弹出。弹起的球在落下时，另一侧的球又被弹起，以此类推……无须任何人介入，该运动就会继续下去。

这一装置是为了证明能量守恒，第一个球的能量通过其他球传递给最后一个球。能量守恒定律也适用于邪教：教徒们就像牛顿摆上的球，摆动第一个球的是大师的手。他们一开始激发的情绪就像能量一样，无须发起者介入就会继续传播下去。入教已有一段时间的教徒负责把大师的口号植入新教徒的脑中，新教徒很快也加入了他们的行列。令人头晕的语调在教徒们的脑中扎根，在封闭的场所人更容易被洗脑，因为回声很强。

"聚在一起"使人为了获得"应该"有的感受与团体的氛围保持一致，切断了对自我情绪的感受。我称此为"集体感"现象，它是种害人的病，让一个邪教团体里的所有成员被同一种情绪感染，以便更轻易地控制他们。换句话说，他们都强烈地感受到同一种情绪。这种情绪常让人感觉如坠云间，特别淡然，甚至有点儿恍惚，其催眠的特点众所周知。经常有人为了刻意延长这种感受而每天服用违禁药物。

沉闷的气氛粉碎了所有人的主动性，让人变得不愿费力，行动迟缓。说白了，就是什么也不做。至少在一段时间内，他们会觉得这样既省力又安逸。集体感综合征让教会中的成员无法保持足够的清醒，接收不到其他较弱的情绪信号，但这些情绪有助于他们意识到自身处境的荒诞性。永远不要忘记，情绪向我们传递着有用的信息。切断自己真正的情绪感受，就是增加身心崩溃的风险。

集体感能抹去一些相关的情绪，比如怀疑、因放弃自我的情绪而产生的耻辱感、对自由的渴望，让人在被阻止做自己想做的事时（性行为或其他），也不会有任何厌烦的情绪。教徒的心理对警示信号无动于衷，慢慢智力退化，变得在情感上依赖他人，和其他教徒的心理完全一致。

被抛弃的痛苦

归根结底。集体感不过是作为社会动物的我们所共有的症状罢了。天性让我们努力和团体中的其他成员保持一致，好让自己被他人接受和喜欢。心理学家亚伯拉罕·马斯洛（Abraham Maslow）和埃尔顿·梅奥（Elton Mayo）认为，集体归属感是种原始而基本的需要，就像饥饿或口渴一样。我们用各种方法来获得集体归属感，包括欺骗自己、行为荒诞。社会心理学的先驱——所罗门·阿希（Solomon Asch）进行的一项著名实验便是印证。

20世纪50年代初，心理学家邀请学生们参与视力测试。8位（该数字在实验中会变化）受试者坐在彼此相邻的椅子上，顺次排开。椅子前有桌子，参与者可将臂肘支在上面。对面不远处的桌子上摆着一个白板。白板左半边画着一定长度的垂直黑色线段，右半边也并列画着三条垂直的黑线（A，B，C），其中两条和左边的线不等长。

实验者随后要求参与者依次高声说出三条线段中与参照组等长的那一条，正确答案只有一个。按理说，答案很明显，因为三条线段长度差距很大，超过5厘米。有个细节很重要：所有受试者都是阿希的同伙，除了一个人，我们称之为"真正的受试者"。他被安排在第7个位置上（倒数第2个椅子），完全没有怀疑其他受试者的身份。实验者先提问排在最前面的人，随后问第2个人，以此类推，直到轮到真正的受试者回答，确保他在回答之前已听过了小组中几乎所有人的回答。前6个人和第8个人的回答都一样，让他感觉小组中存在稳居多数的答案。8个人都给出答案后，实验者更换白板（一共准备了18块），继续以同样的方式进行新一轮的问答。

看前两块白板时，其他串通好的受试者都给出了同样的正确答案，但到第三块白板时，他们都给出了同样的错误答案。真正的受试者开始感觉惊讶，还是给出了实际占少数的正确答案。但他越来越怀疑自己，眼睛越眯越小，身子前倾以便看得更清楚。有几次，他最终还是服从了大多数人的意见，给出了同样的错误答案。

有趣的是，在公布答案时，真正的受试者一般都会把表现不佳的原因归结为视力问题，但其实他看得很清楚。他没有意识到或只是不想承认自己做出的盲从行为。

神经科学的研究表明，人被融入圈子的需求冲昏了头脑，不顾现实，以致我们最终感知到的东西和他人一样。但这么做可以巩固我们在群体中的地位，以避免因发表相反或烦扰他人的意见时被评价的不适感，降低被排挤的可能性。被社会排斥可能是最糟糕的情况，因为如此我们基本的人际关系需求就无法得到满足。一些社会神经科学研究表明，对大脑来说，被排挤或孤立的痛苦和身体受伤的痛苦是一样的。大脑几乎不会区分二者，会用同样的方式来对待这两种痛苦。

由此我们知道，大脑感知社交痛苦和身体痛苦的是同一个区域，主要是前扣带回皮层（ACC）背侧和前岛叶（AI）。一些研究表明，如果看到相关负责人（在此情况下即大师或其信徒），当事者被排斥的感觉会更加痛苦。还有什么比逃避这类痛苦更自然的事呢？

教徒害怕被排斥，又有其他的焦虑，于是打消了离开邪教的念头。比如他们想到自己流落在外、身无分文、无依无靠，而待在邪教组织营造的安乐窝里衣食无忧。或是末日教派的信徒，害怕无法再受到神圣大师的庇护……

尽管如此，若教徒还是反抗，教规的维护者就会介入，用教徒彼此之间情绪的平行传染来限制不服从管教的教徒。他们要么拨动其敏感恐惧的神经，要么改变说话的口气，直接进行身体或心理威胁。他们有时会使用惩罚或其他强制性手段。

摆脱

在此情况下，最好不要过多表示反对。统一教前成员史蒂夫·哈桑（Steve Hassan）解释说："尽管面对的是谎言和矛盾，但当人被邪教控制时，就像被植入了程序一般，会避免自己产生消极的想法。邪教，要么爱，要么走！"

但如果走了，就不要再回来……

为了摆脱大师的控制，受害者首先应该揭掉眼睛上蒙着的不真实的面纱。要想做到这一点，就要与自己真实的情绪建立联系。而真实的情绪正是大师或其同伙试图消除的。很多时候解决方法来自外在，特别是头脑清醒的家人向反邪教行为部际监督机构（Miviludes）求助，或与受害者帮扶机构①取得联系。

有些人最后还会求助于律师丹尼尔·皮克丹，我在前文已提到过他。皮克丹几年前在法国为此组建了一支独一无二的特遣团队，其中包括反邪教专家。他说："我的团队中有在上诉法院登记过的专业心理医生、一个精神分析师和一个私家侦探。"他们一起解放了住在法国西南部的德韦德里内斯一家（著名的蒙弗朗坎隐士）的心理。他们隐居在自己的城堡里，被邪教头目蒂埃里·蒂利控制了 10 年，骗走了 450 万欧元。

德韦德里内斯一家求助时，皮克丹律师的团队使用了一种特别的方法：脱离咨询。史蒂夫·哈桑在 1980 年开创了此法，侦探尽可能多地收集关于受害者及其控制者的信息，让心理医生和精神分析师了解其心理，决定如何

① 如 UNADFI（保护家庭和个人协会全国联合会）、CCMM（反对精神操纵中心）、INAVEM（国家被害人和仲裁中心）或 Caffes（反邪教控制全国家庭帮扶中心）。

按下"开关"，让受害者醒悟。

史蒂夫·哈桑说："因地制宜，见招拆招。总会有一种方法能点醒梦中人，让受害者重新回到现实。"为拨开控制者在受害者的精神中制造的厚厚迷雾，脱离咨询团队会努力唤醒受害者与邪教无关的幸福回忆。咨询团队完全掌握受害者的心理和时间安排，通过信件、邮件或邪教外的偶遇来唤醒受害者。

有时受害者的觉醒是偶然的，脱离咨询团队并没有参与。克里斯汀娜·德韦德里内斯一家就属于这种情况，皮克丹向我们诚实地解释：

"在这种情况下，并不是我们的团队唤醒了受害者，而是一个人，即他们的雇主 Robert Pouget de Saint-Victor 先生，我们应该向他致敬。他在英国开了一家餐馆，克里斯汀娜就在里面工作（当时他们去英国找住在剑桥的蒂利）。他用清醒的头脑和巧妙的问题让克里斯汀娜意识到了自己的处境。他作为一位身在异乡的法国人，不理解一位出身良好、嫁给医生的贵族女性为什么要在他的餐厅打工。"

最终让她决定奋起反抗的导火索是蒂利自己点燃的。他犯了一个极大的错误，恶语中伤她的 3 个孩子，无意间唤醒了这位母亲的本能，让她只有一个念头：拯救自己的孩子。

无论受害者的醒悟是否因为皮克丹律师团队的介入，这些都不重要，重要的是他们醒悟了，"他们马上就回到了现实"，皮克丹说，并传递了一个充满希望的信息："曾受控制的受害者总有恢复活力的可能……"

受害者一醒悟，团队中的心理学家和精神分析师就会介入。因为他并非就此完全摆脱了邪教。皮克丹解释说：

"受害者的心理状态取决于他被控制的时间和程度。即便离开邪教的人几乎马上头脑就清醒了，但被操纵的历史还是给他们造成了创伤，完全失去了自由意志和理性思考。有时需要几个月，甚至几年，他们才能完全摆脱之前的情绪污染，完全'清除'之前的有毒情绪，它们是放在受害者心理中真正的定时炸弹。"

最后一点也很重要：皮克丹律师及其团队从来不强制或暴力介入。他认为："脱离咨询的创立是在充分尊重个体完整的情况下唤醒被害人。它建立在对话和自愿的基础上，而不是强迫。"

预警信号

皮克丹说："1995 年国民议会发布的议会报告（时至今日该报告仍有价值，因为此后缺少严肃的研究和报告）中统计法国有 800 多个邪教组织。尽管法国处在反邪教的前沿，特别是依靠反邪教行为部际监督机构及皮克丹律师的团队的推动。但近年来邪教组织的数量并未减少，反而在继续蔓延。

反邪教行为部际监督机构 2018 年 3 月 22 日的报告也指出，邪教小团体增多，它们与 20 世纪 80 年代和 90 年代的大规模邪教运动不同，后者都有唯一的邪教头目和等级分明的组织，今天仍然存在。反邪教行为部际监督机构主席塞尔日·布里斯科（Serge Blisko）2018 年在接受《自由报》采访时说："现在我们看到出现了一些几个人的小邪教团体。"大部分邪教团体使用社交网络和互联网招募新教徒，在最大范围内传播他们的教义。比如强盗教（Brigande）是由 20 多个人组成的小团体，一位记者称之为"野蛮教"。该团体被其成员称为精灵王国，是在一个 60 多岁的头目控制下，反邪教行为部际监督机构已了解此人。他们与世隔绝，住在埃罗省的一个小村庄里。教徒都没有正经工作，所有的财物都是共有的。他们在网络，如"油管网"或其他极右翼势利的平台上发布歌曲，攻击同性恋、金融家和外国人。

此外，邪教势力还阴险地渗透进重要的行业，比如健康、教育或职业培训。他们经常隐藏在组织公共演讲的机构身后，做到不超过法律的界限，但公共演讲的背后隐藏着应受谴责的活动。

反邪教行为部际监督机构强调：很多的邪教头目或团体都试图招揽那些比一般人更容易被影响的人。作为科学家，我们试图更好地理解情绪和其他的情感概念，写作著书，好让人了解研究成果。这些书会被邪教头目曲解、改编、夸大、歪曲、利用，变成他们给人洗脑时滥用的工具。他们任意歪曲各种理论，打着心理治疗、个人发展或心理灵修的旗号，说自己的理论都是"经过科学证明的"。

所以要永远保持谨慎。如果你发现有人对你阿谀奉承得超乎寻常，向你许诺不可信之事；你和某个团体在一起的时间超过了和家人朋友在一起的时间，被社会边缘化；当有人取笑你的团体维护的观点时就会惹恼你；你感觉自己无法把团体里的事与外人说，因为他们"不会懂"；你不再有真正独处的时间；在你眼里到处都是阴谋；有人让你为了善业捐出所有财富；你发现自己在做奇怪的事或与自己的价值观相反的事……那就该提高警惕，睁大眼睛好好看看了。

当积极情绪变得有害

所以当心那些邪教头目和有毒情绪，同样也要当心积极的情绪。在第一章中，我告诉大家，在日常的生活中，应该让积极的情绪流动。但并非不分场合、对象和方式。大家回忆一下在交易室里，在一群极有竞争意识的男性之间，喜悦之情过于外露可能会被人曲解，让旁边的同事眼红嫉妒。

正在读本书的你也同样，在工作场合要注意表达快乐的方式。如果情绪表达得过于强烈，比如你大声高调地告诉众人自己正在经历多么难以置信的事情，可能会让别人觉得你狂妄自大，甚至看不起别人。如果你总是表现得兴高采烈，身边的人可能很快就觉得你冒失、不稳重或愚蠢，甚至觉得你虚伪、不真诚。通过适当的方式来表达快乐很有必要。

为了让积极的情绪有效地在员工之间传播，不让评判改变或影响积极情绪的扩散，一些公司已在专家的帮助下管理积极情绪的流通。

会传染的笑声

在此方面，大笑瑜伽是流行的培训法之一，是由印度人[①]在 20 世纪 90 年代创立的独特治疗方法。米琳娜·科宁格（Mylène Koenig）是大笑瑜伽培训师、教练，她向我解释了大笑瑜伽的原理：

"大笑瑜伽可以集体练习，它结合了瑜伽的呼吸和没有理由的大笑（嗯，是的，我们不需要幽默或玩笑也能笑出来！）。我们先让参与者自发地笑起来，运用腹式呼吸和横隔膜运动，很快笑声就变得自然、有感染力。练习开始前建立互相信任、热情、亲切的氛围很重要，还要进行热身、伸展运动和放松压力的练习，才能让参与者发笑。"

笑声当然会传染。在这方面，我们还能想起电视上每年年底的喜剧幽默。有些疯狂的大笑甚至被写进了历史，比如 1995 年 10 月 23 日，比尔·克林顿和鲍里斯·叶利钦之间的笑声。在一些极端情况下，笑声甚至会在人群中引发大规模的"大笑流行病"，比如 20 世纪 60 年代初在坦噶尼喀（坦桑尼

---

① 大笑瑜伽由卡塔利亚（Kataria）夫妇创立，丈夫马丹（Madan）是一位全科医生，妻子马杜丽（Madhuri）是位瑜伽老师。

亚的大陆部分）和乌干达出现的大笑传染。两国边境卡莎莎地区的一家孤儿寄宿学校里，3个女孩在一起讨论时大笑了起来。没人知道为什么，甚至她们自己也不清楚笑的原因。她们的笑声传染了同学，导致寄宿学校必须要关门几天，有些学生被送回了家，大笑又继续在校外蔓延。

他们在路上碰到的人都被笑声传染，村子里的居民集体开始狂笑，他们称之为 enwara yokusheda（笑疾）。总共有大约1000人被传染（有些人甚至住进了医院，因为他们笑得太多、笑的时间太长、太过用力，导致体力衰竭）。当地14所学校关门，6个月后传染病才消退，当地有关部门总算松了一口气。面对大笑传染，他们不知如何让大家恢复秩序和平静。

在我们的日常生活中，也会碰到开怀大笑、不能自已的情况。大多时候，我们知道大笑的原因：身边的一个人非常好笑，于是情绪就传染开来。怎么传染？笑是一种无法自控的行为，流露着一个人的喜悦、幸福甚至紧张。表露情绪，身边的人就能看到和听到我们的情绪。"只要看见我们笑，他们的颧大肌（脸颊上的肌肉）活动就会增加。"哈特菲尔德说。

伦敦大学学院认知神经科学研究所副所长索菲·斯科特（Sophie Scott）的团队进行了一项实验，也证实了这一观察结果。研究人员让20位志愿者（12名女性，8名男性）听了4种不同的声音：两种声音是愉悦的欢呼声，两种声音是不开心的恐惧的叫声和厌恶的呸声。在播放声音的时候，他们通过核磁共振成像观察受试者的大脑活动。

随后他们要求5名新的志愿者（4名男性和1名女性）戴上耳机听同一种声音，在其大颧肌和皱眉肌上放置了电极，以观察其面部运动。

结果表明只要听到带有积极或消极情绪的声音，就会激活参与者大脑中特定的区域，在此情况下是前运动区，该区控制面部肌肉收缩，在镜像效应的作用下表达和情绪发出者一样的情绪。只要听到别人笑，就足以自动激发另一个人直接参与大颧肌收缩的神经回路，而大颧肌的收缩是笑的标志。有趣的是，当志愿者听到笑声和生理的欢呼声时，大脑皮层的活跃度是听到吼叫或呸声时的两倍，再次证明了笑声是非常具有传染性的。

笑的好处

米琳娜向我介绍了一种练习方法，能让笑声（及随之产生的积极情绪）传染整个团队。"这是一个非常简单的练习。所有人围成一圈，先向每一个参与者鞠躬，随后在伸展运动中抬起手臂大笑。笑声一刹那就会传播开来。"她认为："如果你没有亲身实践过，就很难体会到这种练习的力量。其实要想理解大笑瑜伽，必须要亲身体验这种笑声的传染，品尝其中的味道，感受大笑瑜伽给身体带来的益处。"说明要想唤醒积极的情绪并使其流动，身体要活跃起来。如神经学家亨利·鲁宾斯坦（Henri Rubinstein）所写"大笑的机制藏在身体之中"。

说到大笑瑜伽的好处，米琳娜讲："它对个体和团队都非常有益。能改善人的身心健康，让人更积极、阳光，耐受力更强。还能增强团队的凝聚力、工作动力、相互信任、创造性和活力，提升团队关系的质量和公司的整体形象。研究表明，像做大笑瑜伽练习时一样大笑约 15 分钟，能让身体释放内啡肽、多巴胺、血清素等著名的幸福激素。自第一次大笑瑜伽练习起，参与者就能感到积极的效果。随着有规律的练习，开怀大笑变得越来越容易，好心情常伴，精神整体也会变得更积极。"她还提出"希望员工生活更积极的公司、老年人机构或儿童活动组织"都开始练习大笑瑜伽。对老年人来说，大笑就像健康的新鲜空气。

很多医生、精神病学家、研究者或教授，比如亨利·鲁宾斯坦、威廉·弗莱（William Fry）、诺曼·考辛斯（Norman Cousins）、李·伯克（Lee Berk）、亨特·亚当斯（Hunter Adams），当然还有大笑瑜伽的联合创始人马丹·卡塔利亚博士（Dr Madan Kataria），他们长期以来都认为愉快大笑是非常有益的一种良性应激。他们的开创性研究以及新的（神经）科学研究结果显示，笑有益于心脏，有助于睡眠、消化，能预防便秘、增强人体免疫系统、增加有益胆固醇的分泌、改善记忆、促进精神觉醒和学习；笑还是有效的止痛剂，特别能缓解湿疹等皮肤病患者的痛苦。

一项研究甚至还发现，被小丑逗笑几分钟的女性体外受精的怀孕概率增加。另一项研究显示笑能改善慢性阻塞性肺病的肺功能，比如慢性支气管炎。所以一些医院也引进了小丑疗法。

但还是要注意：笑并非有百利而无一害。比如针对 785 个（发表于 1946~2013 年）科研报告的一项（元）分析就指出：大笑过度可能会导致头痛、失禁、猝倒、心律不齐、哮喘发作，胸腔压力增加（直至晕厥）、下颌脱臼、疝气加剧或食管自发性破裂（Boerhaave 综合征）。如果笑出了心血管疾病的话，甚至可能真把人笑死！

不过，以上情况还是很罕见。开怀笑吧，哪怕冒点儿风险也值得！

虚拟世界的有毒情绪

电子传染

让我们回到满是屏幕的交易室。尽管研究者认为总体来说，互联网对社会利大于弊，但其确有不好的一面。当然我不会面面俱到，就我们谈论的主题而言，操盘手的例子就说明过度依赖网络（数字成瘾），会导致慢性疲劳、精神衰竭，使人注意力下降，职业和个人生活失衡，变得易怒、好斗，食欲不振，感觉压力很大，非常焦虑。

脸书、照片墙（Instagram）、色拉布（Snap Chat）或推特等社交网络似乎给某些人提供了某种心理支持，有时也对沉迷其中的用户产生负面影响。2017 年，著名的英国皇家公共卫生协会针对 14~24 岁的英国人进行的一项研究显示：过去 25 年中，人们在网络上感觉到的消极情绪增加了 70%。社交平台可能会让重度用户产生非常负面的情绪。出现了一个新的概念——错失恐惧症（英语：Fear of Missing Out；法语：peur de passer à côté），而40% 的青少年家长对此还不了解。它是指我们在"断网"时都会有的一种焦虑，一种潜在的恐惧，害怕错过一些重要的事情，比如持续不断的信息流推送的一个讨论或有趣愉快的事件。错失恐惧症的特点是需要一直联网在线，症状最严重者经常会心情不好，对自己的生活不满。一个人越是对社交网络上瘾（这个词前文中提到过），越容易得错失恐惧症。

戴着 Gafa[①] 面具的恶魔

脸书的前总裁兼创始人西恩·帕克（Sean Parker）承认，著名的社交网络脸书"利用人类心理的弱点"，他还补充说"天知道它正在对孩子们的大脑产生多少影响"。

神经科学家正好对世界第一大社交网络[②]的狂热用户或轻度用户进行了一项研究。科学家们给 20 位（男女各 10 位）脸书用户看与脸书相关或无关的照片，并通过核磁共振成像观察他们的反应。结果显示，重度用户在看和脸书相关的照片时，大脑中的一个区域（扁桃体 – 纹状体系统）会被激活，而该区域与游戏成瘾和毒瘾直接相关。恰好证实了英国皇家公共卫生协会的研究，该协会认为社交网络比香烟和酒精更容易让人上瘾。同时使用脸书的女性用户比男性的成瘾症状更明显。

科学家发现的这种技术成瘾不过是脸书创始人们精心策划的战略。因为正如帕克承认的那样，这些都是经过考虑后创造出来的，比如"'喜欢'按钮就是为了给用户一点儿多巴胺，鼓励用户不断加载更多的内容"。谷歌的前工程师特里斯坦·哈里斯（Tristan Harris）补充（忏悔）道："我们的思想可能会被劫持（被黑），我们的选择也并非如想象般自由"。说到底，那

---

① Gafa 是指谷歌、亚马逊、脸书和苹果 4 家公司。
② 2018 年，脸书的活跃用户数是 21 亿，其中法国有 3300 万用户。

些硅谷巨头企业费尽心思想要操纵的是我们的情绪，因为最新的神经科学研究显示——真正能左右人选择的正是情绪。

验证试验如下。

美国的科学家与谷歌的数据分析服务处合作，随机抽取了 689 003 位使用英语国家的活跃用户进行了试验。整整一周时间里，他们在脸书算法系统的帮助下，筛选了他们动态页面上朋友的消息。有些人看到的都是一些有积极内涵的消息；另一些看到的是负面消息。看了很多积极帖子的人，就像被浸透的吸水墨纸一样，也倾向于写充满积极情绪的信息；相反，另一些人则倾向于发布带有消极情绪的信息。

结论：我们的情绪会被屏幕传染。研究者在报告中写道："此项研究通过大规模的实验证明，文本可以是人与人之间情绪传染的媒介，无须面部表情和非语言信号就能引发情绪传染。"

还是就同一类问题"社交网络是如何传染我的"，美国科学家们在一款名为 Linguistic Inquiry Word Count 软件的帮助下，分析了 2009 年 1 月至 2012 年 3 月间脸书用户的情绪状态。他们很快发现，下雨天时用户倾向于发消极的信息。有趣的是，这些身处雨天用户发布的消极信息有时会被脸书上的朋友看到，成功传染了身处晴天的后者，让他们也在自己的社交账号上发布消极的信息。

结论：脸书上朋友所在的城市下了雨，就足以坏了你的好心情！

我本人在过去很长一段时间里也非常依赖网络，我都控制不住自己总是实时查看邮件、脸书和推特，无论是白天、夜里，还是周末、假期。我很明显患上了手机成瘾症（没了手机就恐惧）。我自恋地清点被人点赞的数量，以此来坚定对自己（电子）声誉的信心。我们都知道这种想要被一个（虚拟）社群喜欢或至少被接受的需求。我盲从地跟随了这种趋势：经典大师之后，电子大师登场！

时至今日，我也没完全断网，而且我也不支持这么做。但我强迫自己过滤一些信息，和电脑、手机保持一定的时空距离，我能够更容易地"关机"。因为我们应该一直清醒地意识到：临死时躺在床上，没有人会说"我当年要是花更多时间刷照片墙或脸书就好啦！"

以毒攻毒

矛盾的是，我认为虚拟世界也可以"治愈"我们，在数字工具的帮助下摆脱有毒情绪，以毒攻毒。我协助共同开发了两种数字工具来应用这种新的治疗方法：心情医生（Dr Mood）和工作心情（Mood-work）。

心情医生是免费的应用程序，可在 iOS 和安卓系统上使用。它不仅能让人理解自己的情绪，还能在路上、家里或工作场合做一些小练习，有效调节情绪。目的是让使用者在几个月后，在心情医生的建议下，学会情绪管理的技巧，能完全自主地克服焦虑或恐惧等可能与过度上网有关的情绪。

工作心情是面向企业的应用程序，由心理学博士莫伊拉·米科拉伊扎克和她在鲁汶天主教大学的团队共同开发，由初创公司 Mood walk 进行商业化营销。它提供了一种解决方案，旨在提高员工的幸福度、减少压力、预防过劳。该应用程序会为每个使用者生成一份个性化的幸福报告，使之有机会拥有个性化的发展方案。软件提供的众多方案中，有特别针对过度投入（hyper-investissement），即过度连接（hyperconnextion）的调节方法。

嗅

我们已经看到，交易室里的恐惧情绪在操盘手之间迅速传播。有一个非常惊人的因素可能会促进情绪的传染，至少是其中的部分原因。

回忆一下前文提到过的前操盘手让－马克·T.，他告诉我们他在焦虑时，嘴发干、手出汗，而且还会出冷汗，衬衫腋下都被晕湿了。这最后一个细节引起了我的兴趣，它很重要。因为让－马克·T. 就像一个扇动翅膀的恐惧蝴蝶，可能无意中在交易室里引发了（恐惧的）龙卷风。最近，荷兰的研究者通过多次试验，发现了恐惧及厌恶等其他情绪传染的新模式：只需"嗅"从非常惊慌的人身上提取的汗液样本，就会让人在几毫秒后也感到惊慌。

解释如下：受惊的人出汗时释放出挥发性的化学物质（如著名的信息素），并在空气中传播，接收者的嗅觉系统检测到该化学物质后会受到直接影响。我在解释其中的机制时说的比较模糊，为什么？因为能让其他哺乳动物检测到信息素的型鼻器，在人体中不再起作用，与大脑没有连接。但人类的信息素会通过一种我们尚不清楚的回路传到大脑的相应区域，接收者大脑中的很多区域（比如脑岛、扣带回皮层、楔前叶、杏仁核）都会自动被激活。

其他研究也证明这一点。2002 年，奥地利的研究者要求年龄在 18—33 岁的 42 名女性，看 70 分钟的恐怖片（1993 年由伯纳德·罗斯执导的《糖果人》）；次日，在同一时间，要求她们看同样时长的一部奥地利纪录片，影片不带情绪色彩。在观看过程中，参与者的腋下放有吸汗腋垫。研究者要求她们在实验前的几天不能使用香水和除味剂，不能吸烟或吃重口味的食物，只能用没有味道的肥皂清洗腋下，穿着用无味的洗涤剂仔细清洗过的纯棉 T 恤。整个实验过程中，环境温度都是 26℃。最后，吸满汗水的腋垫放在 –20℃的环境中冷冻，以完整保存汗水的化学特性。

第二步，腋垫被放在无味的塑料瓶中，加热到 37℃，让 62 名年龄在 18—72 岁的女性随机闻三个瓶子中的一个。通过盲测，她们要判断三个瓶子中的气味是否有区别，填写一个问卷，试着写出每种气味让她们感到的情绪。

最后，和其他样本相比，她们认为观看恐怖片时提取的汗液情绪更加"强烈"，"不是那么令人愉悦"，感觉到"侵犯性"。由此得出结论，女性能够嗅出"恐惧的味道"。

嗅觉武器

所有以上发现引起了国家最高层的关注。例如，美国国防部的研究发展部门——美国国防高级研究计划局（DARPA）试图研究一个人释放的恐惧信息素对其他人的影响。为此，石溪大学 Lilianne Mujica-Parodi 博士的团队提取了 11 名男子和 9 名女子在第一次跳伞时分泌的汗液，还是通过在跳伞前放在受试者腋下的吸汗腋垫提取汗液。为了比较对照，也提取了他们在健身房跑步机上跑步——完全不恐惧时分泌的汗液。

对实验一无所知的受试者吸入混合的汗液样本，研究者通过核磁共振成像观察他们的大脑，发现在他们吸入跳伞时分泌的汗液时，杏仁核及下丘脑（恐惧时会被激活的大脑区域）更加活跃。所以和很多动物一样，人类能够发现其他人分泌的信息素，并做出无意识的反应。

美国军方资助的这一发现让人猜想：美国国防部可能对制造新型大规模情绪传染的化学武器感兴趣，想制造"恐惧合成信息素"炸弹，散播恐慌情绪。直到美国国防高级研究计划局又资助了其他信息素相关的研究，这一猜想才不攻自破。

伍迪·艾伦基因

英国哥伦比亚大学的研究员丽贝卡·托德（Rebecca Todd）与她的团队一起发现了一个特别的基因，即 ADRA2b 基因的变体。携带该基因的人感觉到的愤怒或恐惧等负面情绪比积极情绪更强烈。她的研究报告也表明：人们感知情绪世界的方式不尽相同，每个人都带着基因的有色眼镜。

ADRA2b 基因会破坏去甲肾上腺素的产生，而去甲肾上腺素是一种神经递质，决定着我们的注意力水平。该激素的失调会让人更容易警惕，尽管有时毫无必要。同时该基因的携带者也会更频繁地感受到强烈的恐惧。他们非常容易接受恐惧的情绪，能够捕捉到他人发出的微小，甚至是最不起眼的情绪信号，比如眉头轻锁、下颌紧绷或声音颤抖。

一些其他基因的携带者也更容易接收负面情绪。你可能听说过伍迪·艾伦，但你可能不知道还有种基因就是以他的名字命名。他导演了电影《赛末点》，大家都知道他深受各种焦虑和恐惧症的困扰。"而难以管理恐惧或焦虑等消极情绪是 COMT 基因变体携带者的特征，所以媒体又称之为"伍迪·艾伦基因"。该基因携带者就是无法'调动'调节情绪的大脑前额叶区。"鲁汶天主教大学心理学教授莫伊拉向我解释说。

团队中若有人天生对恐惧非常敏感且无法调节恐惧，他们可能会把工作场所变成《战栗空间》[①]，让恐惧迅速蔓延，最后又影响到他们。但还要明

---

① 电影 *Panic room* 的中文名称。——译者注

确的是，基因只是影响情绪的变量之一，幸运的是，生活阅历等其他因素能让我们弥补天生的缺陷。

总结

不再对自己撒谎：不管你是否自知，无论是在工作场合还是在家。现在你可能更容易抵抗操纵者的接近，在我们社会中最危险的操纵者就是那些邪教头目。你会更小心：分享积极的情绪是件好事，但讲究技巧也很重要，特别是在工作或其他竞争激烈的场合。你会经常离开屏幕，就像法兰西·高的歌曲中建议的那样，避免沉迷网络和手机可能对情绪产生的灾难性影响。你也明白了消极的情绪会通过惊人的方式传播：嗅觉，甚至是基因！

站在高处"看"情绪

讲完了大都市伦敦城、散发着铜臭味的交易室，以及那些金钱与性欲交织的各种凡俗尘事之后，是时候去爬世界最高峰了。但在见著名的登山者之前，我要先讲一段具有启发性的个人经历。

幸存者情绪日记

列城故事

9 年前，我和玛德琳娜（当时她还不是我的妻子）出发去喜马拉雅山背包徒步旅行。这次旅行要攀登至 5000 米海拔以上，只携带最少的生存物资，为的就是从现代社会中完全脱离出来。

我们在出发地列城适应几天后，终于动身开始徒步。一天后，我们到达了海拔 3500 米的扬唐村。到达时，前一天抵达列城的一队西班牙人正打包行李，准备去下一站日宗村。我们在背靠巨山岩壁的高处安营扎寨。

当晚，狂风暴雨席卷而来，闪电刺眼，雷声轰鸣。几分钟不到，危险的暴风雨就来到了我们安营的上空……山脉如共振箱一般，放大了低沉的轰鸣声，让人感觉就像一大群嗡嗡作响的蜜蜂。更让人开始害怕的是，在高海拔地区，暴风雨就是敌人——你的冰镐、手杖或帐篷的两个垂直金属杆都可能变成避雷针，引雷上身。

次日早晨，损失惨重。山上流下的泥石流所到之处东西全部被毁。大多数我们之前过河走的桥都被上涨的河水冲塌。昨天碰到的西班牙团队失踪了，失踪的还有本该在当天给我们运送补给的四驱车司机。所有的通信都被切断，我们的向导和其团队也失去了家人的音信。我们唯一的选择是经过一条半毁但在几个小时内还能走的桥，折回列城。

这只是一系列漫长考验中的第一个障碍。我们还要涉水前进，紧紧抓住连接河两岸的绳索，穿过几股泥石流，以免自己被裹挟着树干和屋顶碎片的湍急的水流卷走。

同受灾难民队伍一起向列城方向行进几个小时后，我们搭上了来救援的军用卡车，每车能装 50 人。因为桥梁被毁或遇上流沙，一路上我们换了几次车。在卡车上，我们和几位印度人相处愉快。尽管他们和家人经历了灾难，但都保持着良好的心态。他们的表现让我们肃然起敬，在心里筑就了一堵抵御悲观氛围的防火墙。我想起当时的一位老大爷，可谓智者中的智者，他安慰我们，和我们谈论印度式探险的含义；我还想起卡车上的妇女，每次都为我们挤让出位置；还有途经的各个村庄里，向我们伸出援手的几十位居民，或是那些天真烂漫、对我们微笑的儿童。在他们的脸上看不到一丝恐慌，这也消除了我们的焦虑、害怕和悲伤。

但到达列城时，又是当头一棒。城市变为废墟，一半被泥浆覆盖。几乎没有电，所有电话都忙线。据警方消息，有成百上千人死亡，数千人失踪。

身处这场灾难之中的欧洲游客，因遣返手续缓慢而气恼，焦躁不安地对自己国家的使馆和旅行社发着火。我听到一群法国人高声地咒骂和抱怨着，惊恐地围在网吧和机场周边，总之他们谁都不怎么关心当地发生的灾难。然而集体的躁动很快就被安抚了。当地大多数印度人都是佛教徒，他们仅用简单的微笑就让那些一惊一乍、过于紧张的人平静了下来。几个小时以后，城市恢复了安静祥和的氛围。

在一条路的转角，我们碰到了一位一袭白衣的老爷爷，他手里正拿着仅有的一部手机打电话。其实这是没有意义的啊，电话线路全忙，而且也没地方充电。我们还是上前和他攀谈，请他帮忙救急，让我们打个电话给法国的家人报个平安。他把手机递了过来，让我们输入想拨的电话号码。拨了 3 次，还是不通……他让我们稍等片刻，便走开消失在了人群中。15 分钟后，他拿着手机回来了。他把手机贴在我的耳朵上，在电话线的另一端，出现了玛德琳娜爸爸的声音！这就是印度。在这里，不可能会变成可能；在这里，往来的焦躁人群，微笑让我们看到希望的曙光。

幸存者

我们在印度长途旅行期间经历了好几次情绪传染，特别是恐惧情绪的传染。但和一些登山者，或和我有幸碰到的高海拔地区生还者所经历的相比，实在不足挂齿。比如费尔南多·帕拉多，人称"南多"，是乌拉圭空军 571 号班机空难的 16 名幸存者之一。约 50 年前，他乘坐的飞机在安第斯山脉坠毁。在所有讲述人类如何在恶劣环境中生存的故事里，他们的故事是最令人震惊的。他的经历被写成书，拍成电影，同主题纪录片还获了奖，现已在全球家喻户晓。以下就是南多从本书探讨的情绪角度讲述的这次经历。

1972 年 10 月 12 日，老基督徒业余橄榄球队租用的包机从蒙得维的亚卡拉斯科国际机场起飞，前往智利圣地亚哥参加一场友谊赛。他们乘坐的是乌拉圭空军的仙童 FH-227D 客机。由于机身重量大而发动机动力有限，它被航空专家称为"笨重傻瓜机"。这种型号的飞机安全性不佳，其中三分之一（一共 78 架）已坠毁。但当时机上的 40 名乘客并不知道这一点。

南多和其他队员也都不是很有钱，刚好飞机上还有些空位，他们可以邀请家人或朋友一同免费随行。于是南多邀请了自己 50 岁的母亲尤金妮亚·费尔南多和 17 岁的妹妹苏西。此次旅行一共 4 天，比赛之余，所有人还能在太平洋海岸享受阳光明媚的周末。

但后来发生的一切谁都没有料到。

空难

由于天气条件恶劣，飞机被迫停在安第斯山脚下的阿根廷门多萨，大家在此过夜等待天气转好。第二天是 10 月 13 日（！）[1] 星期五，飞机再次起飞。胡利奥·费拉塔斯（Julio Ferradas）上校是一位经验丰富的飞行员，他在职业生涯中已经飞越了 29 次安第斯山脉。这次他决定改道从南部海拔更低的区域穿过山脉，随后立即再朝北飞向圣地亚哥。这样做是为了避免飞机遭受过于严峻的考验，因为仙童 FH–227D 客机要想升至 4500 多米困难相当大。

机舱内的气氛很好，南多和想要坐在窗边看风景的好友庞齐多·阿巴尔（Panchito Abal）换了座位。这件微不足道的小事最后却决定了两个人的命运。

当天 15 时 24 分，飞行员通知塔台他已飞过库里科。他以为飞机已经穿越安第斯山脉，到达了山另一侧的智利上空。实际上，因为无法解释的计算失误，飞机还在山脉上方飞行。随后他朝北飞行，没过多久就开始朝着自己认为的智利平原降落。厚厚的云层遮住了巨大的山脉，当飞机下降穿过云层时，飞行员惊恐地看到山，发现根本没有飞到该去的地方，于是他拼命操控着飞机，躲避横挡在前的岩石山峰。

感觉到颠簸的乘客系紧安全带，贴在座位上不敢动。机舱内的气氛变了，没有一个人说话。其中的一个幸存者卡利托斯·帕兹事后说："我们

---

[1] 在大部分西方国家，13 都被认为是不吉利的数字，故括号内加叹号。——译者注

当时都很害怕，而害怕很快就变成了恐慌。"

突然，飞机撞上了一座山峰，随后冲向地面，在此过程中两个机翼被毁，尾翼被切断。机身坠落山巅，随后沿着覆盖着厚厚积雪的陡峭斜坡飞速滚下1500米。一分钟前与飞行员还有联系的塔台，此刻失去了与飞机的所有无线电联络。南多在昏厥前记得的最后一幅画面，是他爬出飞机时看到的驾驶舱顶。

在空难后立即展开的所有搜救行动都失败了，主要是因为极端的气候条件（当时是雪季），而且仙童FH-227D客机的白色机身在积雪中很难被人看到。所以即便有幸存者，似乎也必死无疑。

集体恐惧

空难发生时，12人当场死亡，其中包括飞行员和南多的母亲。南多本人受了重伤：他被抛到飞机前部，头撞到了通道里的几个障碍物。他的身体动弹不得，但呼吸尚存，和其他伤者一起被卡在接近驾驶舱的机舱前部。死者的尸体被拖到机舱外的雪地上。副驾驶但丁·拉古拉拉（Dante Lagurara）受了重伤但还有意识，他被困在钢板中还不断重复"我们飞过了库斯科"，说明他还没有意识到自己和飞行员的估计严重错误。幸存者们因此以为自己身处安第斯山脉的西坡，但实际上是被困在一个偏远的冰川山谷中，海拔3600米，人迹罕至，周围是陡峭冰冷的山坡和高耸的黑色巨石。

这显然是种罕见又强烈的集体恐惧，让我想起了荷兰著名登山家威尔科·万·胡金（Wilco van Rooijen）有一次对我讲述的他的经历。他是乔戈里峰（K2）[①]事故中的幸存者之一。这场事故是近几年登山运动中最严重的悲剧之一，11 名不同国籍的登山者丧生。为了登顶，威尔科和其他登山者经过危险的"瓶颈"（Bottleneck）路段。德伦·曼迪克（Dren Mandic）的氧气瓶有问题，为了走到另一名可能会帮助他的队员身边，他无视最基本的安全规则，松开了固定绳，也就是"生命之绳"，随后失去平衡。其他登山者惊呆了，看着他坠亡。威尔科告诉我："从那一刻起，我们就开始恐惧和怀疑，脑子里全是问号，怎么办？如何行动？坠落的登山者能否得救？有人能离得更近看一看吗？大家都在心里自问，产生的第一反应就是拒绝相信。但是几秒以后，便意识到这一切已经发生了。这一天，致命的事故让登山者们意识到了危险——继续攀爬可能会丧命。"

被困在飞机里的乌拉圭人也被几十个问题折磨着。但与威尔科及其队友们不同，他们对高山和在此情况下要采取的生存技巧一无所知。在乌拉圭，最高的山峰才 500 米左右。他们的穿着和装备都不足以面对如此极端的条件，必须尽快组织起来，以免被冻死（夜间温度低至 –30℃）。他们躲进座舱内，把坐垫套当被子，用行李箱堵住机身的裂口，把座椅里的填充泡沫取出来塞进鞋子，互相紧靠在一起。这其中大多数的主意都是罗伯托·卡内莎（Roberto Canessa）想出来的，19 岁的他性格坚定，是医学院的学生。

漫长恐怖的第一夜似乎持续了几个世纪。第二天早上，大家发现和南多换了座位的庞齐多·阿巴尔、副驾驶以及另外两名乘客都死了。但这天当一架飞机飞过他们的头顶时，大家还是燃起了一线希望，大声叫喊。然而飞机

[①] 乔戈里峰，人们习惯称呼它"K2"。1856 年，英属印度的一支考察队首次勘测喀喇昆仑区域，并将其主要山峰依次以 K1 至 K5 命名，乔戈里峰的 K2 名号也就由此流传下来。——译者注

一闪而过，并没有看到他们。

幸存者们意识到自己的生存将会非常困难，但他们还是决定放手一搏。

"人人为己"

在这种情况下，面对恐惧，有两种可能的群体行为："人人为己"或"人人为我，我为人人"。在我之前提到的乔戈里峰事故中，"人人为己"的行为占了上风。

正如威尔科所说，从峰顶下撤时情况恶化。返回时，挪威探险队的队员们最先到达了瓶颈路段的高处，悬于100多米的巨大冰塔之上。当晚在这一路段，挪威队员罗尔夫·贝（Rolf Bae）被掉下的冰塔卷走，同时固定绳也被切断。威尔科和所有跟在挪威队后面的登山者都非常需要这些固定绳，有了它们方能穿越峡谷。没了固定绳的登山者们，被困在8000多米、被称为"死亡地带"的高山上。高海拔导致人体缺氧，可能引发脑功能障碍、幻觉、头痛、失去意识和其他症状，比如"呕吐、视力下降、记忆力减退、头晕、睡不踏实、极度疲劳、难以行动、无法做出符合逻辑的决定等。有些人无法控制自己的行动，更严重的可能出现肺水肿或脑水肿。在这种条件下，人会很快死亡。"法国国家健康与医学研究院（INSERM）的生理学家、研究员塞缪尔·韦尔盖斯（Samuel Vergès）向我解释道。

威尔科说：

"开始大家还团结一心，但很快每个人就只顾自己了。黄昏登顶，日落下山的队员们被困在了山上。所有人都惊慌失措，想都没想就四散而去，必然会迷路或走上危险的道路。有些人再也没有回到4号营地（约在海拔7800米处）。惊慌的登山者们甚至开始盯上了其他人的氧气瓶和绳索。

"我们和两位向导马尔科·孔福尔托拉（Marco Confortola）和杰拉德·麦克唐纳（Gerard McDonnell）决定不效仿以上做法，而是选择在8350米处露营。我们当时很害怕，因找不到穿越瓶颈路段所要用的绳索而恼火万分（其他没有绳索就走了的人忽视了此时已经发生的事故）。我们深深地怀疑，甚至不确定是否处在正确的地方，是否在山体正确的一侧。杰拉德像牡蛎一样把自己紧紧裹起来，马尔科和我努力保持冷静，有一搭没一搭地聊着天。次日早晨天一亮，我们继续去寻找不知掉落在何处的固定绳。

"又过了一天，我发现自己的视力正在衰退。因眼睛受到紫外线和反射光照射，我得了雪盲症。于是我对杰拉德和马尔科说我不能再耽搁时间，决定独自下撤，希望找到已经被堵死的瓶颈路段之外的另一条路，到达4号营地。同伴们没有拦我，到了这一步，谁都不想说服谁，我们对事情的走向完全失去了控制。每个人都想保命，每个人都被情绪牵着鼻子走。"

杰拉德朝着一个不确定的方向走了，在往上爬的时候迷了路。马尔科试图不用绳索，只凭借一个冰镐自杀式穿越瓶颈路段，他大概也是产生了幻觉。半瞎的威尔科独自走了另一条路，没有睡袋、食物和水，失踪了3天。在路上，他碰到了筋疲力尽的其他登山者，有些被自己的绳索缠住。面对恶劣的条件和难以自抑的情绪，缺氧又让一切雪上加霜，一根稻草就能压倒一个人。

马尔科和威尔科的状况很惨，但还活着。他俩在两个不同的地方被夏尔人彭巴·吉亚杰（Pemba Gyalje）救了。彭巴是这场悲剧中救人的真英雄。威尔科在死亡区创纪录地熬过了两个晚上，因为冻伤失去了所有的脚趾。而杰拉德永远地消失了，可能是被雪崩卷走的。

"人人为我，我为人人"

和威尔科的团队相反的是，身处安第斯山的幸存者一开始就选择了在逆境中团结一致。因此，他们定量分配食物。实际上，他们拥有的食物非常少：棒棒糖、巧克力、沙丁鱼罐头，还有几杯酒、果酱和牙膏作为甜点。据专家估计，这些食物的总卡路里只能满足 10 个成年人 24 小时的需要。他们一小口一小口地用小茶匙分享着食物，唯一无限量供应的就是在太阳下融化了的雪水。

总之，在困境中他们团结一心。

他们来自同一个国家，互相非常了解，有相同的价值观和相似的思考方式。也许正因为如此，危机情况引发情绪压力时，他们能够更容易地管理情绪。威尔科也认为，在乔戈里峰事故中，让整个团队变成一盘散沙的是文化因素。"团队中一直有分裂。事实上，70 个登山者来自 15 个不同的国家，大部分人互相不认识，登山的方式也不同，他们趁着好天气'窗口期'在同一天试图向上爬，这使得他们必须团结力量，互相配合，上山道路才能畅通。当悲剧出现时，互相排斥的情绪溢于言表，大家不再能互相理解。不同国家的人情绪反应各异，有些反应被理解了，有些则没有。大家都感到了彼此的愤怒，不和谐的情绪对决策的影响越来越大。"

周日，快死了的南多，在昏迷 3 天后似乎恢复了意识。神经专家们认为，他受到震荡的大脑在低温状态下得到了保护：南多被抛在机舱入口处，这里是整个座舱中温度最低的地方，利于南多和其他重伤者康复。南多刚一睁眼就询问母亲和妹妹的情况。得知结果后南多悲痛不已：母亲已死，重伤的妹妹在第 7 天时也在他的怀中死去。

第 10 天，等待救援的幸存者们最终失去了希望。他们通过一个小型晶体管便携收音机听到政府宣布：幸存者已死，放弃救援行动。受到这当头一棒的打击，有些人在雪地上崩溃大哭。

更糟糕的是，卡利托斯·帕兹（Carlitos Paez）告诉南多，什么吃的也没有了。

饥饿

饿急了的人什么事都能做得出来。

没有食物摄入，身体运转代谢成了一个内部闭环，开始消耗自身体内的糖、脂肪和蛋白质，但肝脏和肌肉中的糖分只够消耗 3 天。血液内的葡萄糖含量下降，人感觉到了饥饿，出现胃痉挛。身体还从脂肪组织（肥肉！）中获得能量，两周后脂肪也被消耗殆尽。10 天后，机体只能开始分解蛋白质。肝脏把肌肉蛋白分解成氨基酸，利用氨基酸合成糖；否则，人很快就会变得虚弱，体重下降，感觉到沮丧和焦虑。这种情绪在饥饿的人群中极易传染。20 天后，饥饿者心跳减慢（心率过缓）、动脉张力大幅下降，出现严重的眩晕和头痛症状，注意力无法集中、神志不清、感觉非常疲乏、肌肉疼痛、体温降低，可能会腹部痉挛，经常还会牙龈出血和失眠。

被迫禁食 40 天后，肌体启动最后的防御手段。人因饥饿体重下降18%—20% 后，会有以下症状：胃排斥食物、恶心、吐胆汁、黄疸、听力下降、视觉障碍、肌肉乏力并伴随疼痛和哆嗦，还会出现情绪波动、牙龈、肠胃和食管出血、视网膜出血，甚至可能导致失明。所以饥饿的人变得令人难以理解。

当体内 30%—50% 的蛋白质被消耗或当体重下降一半时，组织会严重受损，损伤很难修复。患者可能会感觉到欣快[①]，随后陷入深度昏迷。昏迷伴随有潮式呼吸（一种周期性呼吸异常）[②]。几个小时后，患者很快死亡。

在南多及其同行者所处的极端条件下，无疑会加快所有以上过程。

协议

安第斯山脉的幸存者们被饥饿纠缠着，其中很多人试图扯下行李和皮鞋上的皮革果腹。但不幸的是，皮革不能被消化，而且因经过化学处理，吃下去还会有损健康。还有些人扯开坐垫，以为能从里面找到奶牛吃的那种草嚼一嚼，但也没找到。

南多向我描述了这不同寻常的一刻——他和同伴们终于克服了那道坎：

"父亲从小教育我的方式就非常实际，在我看来他就是实用主义的化身。他总对我说，'事情该是什么样就是什么样，不以我们的意志为转移''雨从天上来，水把人儿湿''如果你想要什么东西，就要自己努力去争取'。我知道我们离开这里的希望非常渺茫，如果想要争取时间等待夏天的到来，唯一可以做的就是吃点儿东西。而我们着陆的地方就像月球或火星的表面，什么都没有。我的想法很实际，专心思考着唯一可实现的解决方案：把死去朋友的尸体作为蛋白质的来源。饥饿是人类最基本的恐惧之一，当现实的挑

---

① 欣快：感情呈现出一种病态高涨的状态。心情愉快，高兴异常，无忧无虑。对任何事情都漠不关心，满不在乎，几乎失去注意力，往往与痴呆同时出现。——译者注
② 潮式呼吸（Cheyne-Stokes respiration）：又称陈-施呼吸，特点是呼吸逐步减弱以致停止和呼吸逐渐增强二者交替出现，周而复始，呼吸呈潮水涨落式。多见于中枢神经疾病、脑循环障碍和中毒等患者。潮式呼吸周期可长达 0.5—2 分钟，暂停期可持续 5—30 秒。——译者注

战摆在眼前，就要采取行动。

"我们每秒钟都面临着死亡。如此生死攸关的情况，改变了一切。我们是为了生存本能而吃生人肉，像史前时代最原始的人一样。从另一个角度讲，捐献器官是大善之举，人还活着的时候就签署了遗体捐献协议。有多少人捐出了自己的血液、肾脏、皮肤或其他器官来挽救亲人的生命？我们所做的正是如此。对我们来说，通过这种方式活下去，要比对抗饥饿和寒冷容易得多。人类快速适应恶劣环境的能力，也真是难以置信。"

医学院学生罗伯托·卡内莎告诉大家，尸体就是肉而已，死者的灵魂已经离开肉体到了上帝身边。南多支持卡内莎的观点，找到了令人震惊理由：他把吃同伴尸体的行为比作圣餐仪式。生者和死者捐献遗体，就像耶稣把自己的身体赐给最需要的人一样，所以他们的行为不是罪行，而是南多提的"精神协议"。他们拉着彼此的手，正式达成了协议：如果自己死了，同伴可以吃掉我的遗体。

雪崩

随着肚子被一点点填饱，很快团队中就再次出现了积极的情绪，缓和了阴郁的氛围。但好景不长……

飞机失事的地点环境变幻莫测、危险万分，27 名幸存者付出了代价才明白这一点。

10 月 29 日，也就是第 18 天深夜，大量的积雪全速滚下，席卷了幸存者所在的山谷，所到之处一切都被扫荡净尽，机身也被埋在了雪里。滚下的雪力量惊人，几吨雪瞬间涌进裂开的机身内部，吞没了里面的所有人。

幸存者们被压在雪下无法呼吸，姿势极为不适，又动弹不得。开始他们以为所有人都死了，但罗伊·哈尔莱（Roy Harle）和卡利托斯两人很快脱了身。几分钟后，他俩开始解救其他被困在雪里的人。一场真正的倒计时开始了。

尽管用了全力，两个不熟练的"救灾员"也无法救出所有人。每救出一个人就减少了其邻者生还的机会。因为在异常封闭的机舱中，所有人都像沙丁鱼一般紧挨在一起，从一个人身上清扫下来的雪就会落在另一个人身上。最后，这场雪崩又夺走了8个人的生命，其中包括幸存的最后一名女性莉莉安娜·梅索尔（Liliana Methol）。幸存者的数量减至19人。

一些人还被困在雪下，处在黑暗之中，没有水，缺氧窒息，又不能大幅移动身体。他们不知道这一次如何摆脱困境，简直生不如死。而身心都非常强大的南多找到了一个办法：他在身边的雪中摸索，手摸到了一个长条形物体，把机舱顶捅了个洞，好让空气进来一点儿。

和此情此景一样令人震惊的是南多对大家说的话：没有这次雪崩，他和其他人可能就活不下来。盖住飞机的大雪实际上堵住了机身所有的裂口，保护大家躲开了席卷当地的暴风雨。

向东还是向西？

3天后，在南多强烈求生欲的激励下，幸存者们成功开辟了一条道路，爬到了机身上面。几周后，覆盖在飞机上的积雪逐渐融化，大家又出来活动了。有些人到周边打探情况，但每次都失望而归。在厚厚的积雪里走路很困难，很多人都放弃了。他们必须尽全力打造更好的装备，于是想到把坐垫用绳索和安全带捆起来制成雪鞋。

南多被选为队长。因为他非常想活着走出去，与父亲重逢，而且22岁的他，比团队中大多数伙伴都年长成熟。他知道如何激励队友，把悲痛化为催人奋进的强大的精神能量，全力最后一搏、摆脱困境。

空难发生整一个月后，南多最先做出的决定之一就是去探索山谷下部，罗伯托和安东尼奥（Antonio）与之同行。从遇难处向下走了 2000 米后，3 个稚嫩的探险者发现了飞机的尾部，并在里面找到了一些行李、巧克力和带有一圈胶片的照相机。南多用它记录下了幸存者的生活：他们当时完全不知道，在几个月或几年以后，会不会有人找到飞机骨架和这些将见证一个坚韧不拔团队的照片。

又过了一个月，只剩下心理最坚韧和强大的 16 人"核心团队"。

在南多看来，他们现在得尽全力马上离开这里。他建议朝西往智利走。显然方向是对的，但对路程长度的估计却完全错误。他们以为自己处在安第斯山脉和绿色的智利峡谷交界处，要是朝着东走就要横穿安第斯山脉。其实从天空鸟瞰，他们与两边的距离一样。朝西走会非常困难，首先要越过一个巨大的障碍——一座 4500 米的山峰。

只有罗伯托本能地想要朝东走，在他看来东面地势更平缓，这个想法非常正确。朝着他建议的方向走 2700 米，就能看到山谷里的一家旅馆。当然这个季节旅馆关着门，但旅馆的壁橱里塞满了罐头食品。然而南多说服他放弃这个想法，（又一次！）接受大多数人的意见。南多还让罗伯托和自己一起去探险，其他人虽然予以鼓励，但还是更愿意乖乖地待在营地。

"最终我发现和他相处非常容易。"南多对我说，"因为我非常了解他。当然，他的个性很强，但这也是种优势。在这种危险的征途中，他的严肃、机智、本能和好胜心都能派上大用场。他的视力也很好，又机灵，知道如何用地图和指南针。"

两人探险很快就变成了三人同行，绰号"丁丁"的安东尼奥·威兹丁决定加入探险团队。留下来的其他人用他们的方式贡献着力量，帮 3 个勇士准备"生存包"：一个有防潮垫的睡袋用于抵御寒冷，还有几瓶酒。

最后的十字路口

12月12日，天气温和，南多亲吻了卡利托斯的念珠。于是三个人就结伴出发了。

第一个障碍就不小：面前的山峰海拔4500千米，岩壁高差为700米，坡度为45°，再加上缺氧，攀爬十分困难。但凭借超人的努力和钢铁般的意志，他们在三天后筋疲力尽地爬上了山顶。

然而令他们失望的是，站在高处并没有看到期待中绿色的智利平原，而完全是另外一幅图景：重山叠嶂，还有很多其他的障碍要翻越。唯一的积极面是要翻越的山没有之前的高了。有两个山峰积雪少一些，他们就以为看到了太平洋，而海意味着沿此方向前行到达的就是安第斯山脉的尽头。对此，南多很肯定。

"罗伯托相信在索斯内多山（朝东）下看到了一条线，可能是条路，说明距离文明世界不远，大概离我们所在的地方有40千米。当时我们很虚弱，而且那是一条路的可能性也很低，也许就是地上的一条裂缝。我认为向东走就是自杀，如果走下去发现不是路，可能就是死路一条。我相信太平洋就在西面，朝着智利的方向走是最佳选择。"

在这个十字路口得快速做出决定，面对两个固执的队友，丁丁选择沉默。最后，罗伯托接受了南多的选择。但要知道，如果他们听了罗伯托的话，三天之后他们就能碰到一条路，不管是不是他以为自己看到的那条。

做了决定。他们之间的争执在于向西走得要好几天，甚至几个星期。他们心中充满了对未知的恐惧，但南多是不可能走回头路的。他很清楚携带的食物不够三个人吃，况且他们还进行着超高强度的运动。于是，南多决定把丁丁送回营地，留下他的一部分口粮，丁丁没有拒绝，而且他不太善于爬山，拖了其他两个人的后腿。

一切希望都落在了南多和罗伯托的肩上，他们继续踏上可能会付出生命代价的远征。他们不得不挑战所有登山法则，用不怎么科学的方式竭力翻过一座又一座该死的山。

虽然南多瘦了（减重 30 千克），小肠严重感染，体重比罗伯托（减重 20 千克）减少得更多，但体力更好。尽管行走速度时快时慢，两人不时争吵，但还是始终通过"弹力效应"连接彼此，共同前进：南多走在前面，拉着一条无形的弹力绳，绳子那头拉着罗伯托，在他落后太远时激励其前进跟上。就这样，两个人跌跌撞撞来到了安第斯高地脚下的麦提尼斯（Los Maitenes）山谷，并联系上了一个正在放牛的智利牛仔塞尔吉奥·卡塔兰（Sergio Catalan）。

他们之间最开始的交流就不同寻常：双方被 30 多米宽的河流隔开，水流湍急，不可能徒步涉水穿越。而且水流声太大，压过了他们的声音。但塞尔吉奥想出了个主意，他把一张纸和笔用手绢包着，裹上石头，从激流上扔了过去。

南多抓住笔，给他写了几行字（以下是节选）：

"……我们的飞机失事掉落山间，我们走了 10 天才走到这儿。在飞机残骸里还有 14 个幸存者。我们没有吃的，筋疲力尽。我们在哪里？你什么时候会来找我们？救命啊！"

他们把包着纸条的手绢扔回给了河对面的塞尔吉奥，仔细盯着牛仔打开了纸阅读。塞尔吉奥看罢抬起头，惊愕地看着他俩，并示意自己明白了他们的处境。走之前，他扔给两个饥肠辘辘的人一块面包。二人吃着面包，喜极而泣。

用情感积累避险资产

安第斯山脉的奇迹

10 天 10 夜艰险的跋涉后，二人终于得救了。乌拉圭当局通过无线广播宣布了这一消息。14 个还困在安第斯山中的幸存者，通过收音机听到后兴奋不已。

1972 年 12 月 22 日，也就是空难后的第 72 天，南多带着救援部队找到了其他幸存者所在的地方。在他们登上军用直升机穿越山脉时再次遇到危险。恶劣的气候条件让我们的英雄南多想起了空难前的时刻。幸存者们终于得救了，并被立刻送到医院。

这个故事传遍了全世界，人们称之为"安第斯山脉的奇迹"。

改变与影响

南多给我列出了在这场非比寻常的探险中，大家感受到的 5 种最强烈的情绪，按情绪的强烈程度排序如下：

"一是恐惧。我们每天、每时、每刻都面临着死亡。恐惧让人勇敢，恐慌会杀人。二是幸福。当我的同伴们听到救援直升机的声音时，他们感到幸福，说明大家可以活下去了。三是抑郁。72天一直处于死亡的威胁之下，让人陷入深深的心理黑洞，难以自拔。四是友谊。虽然严格地说它不算是种情绪，所有人都为团队付出了全部。最后一点是愤怒。我们所有人都问为什么空难发生在我们身上，我们造了什么孽得受到这样的惩罚？！空难丧生不过是其他人吃早餐时阅读的社会新闻，我们曾因这样的不公平而愤怒……"

南多现在是否还能感觉到空难时感染的有毒情绪？

"46年来，我从没有做过与之有关的梦或噩梦。从躺在智利圣费尔南多医院（南多和其他幸存者被找到后就被送到了这里）的第一夜开始，可能是因为药物的作用，我沉沉地睡去。"他笑着补充道，"我当然也做梦，但都与此无关。为什么？我也不知道，而且也不想知道。我迷人的妻子说我躺下的时候不是睡着了，而像是昏过去一般。

"可能是我受过实用主义的教育！事情是什么样就是什么样。我回到祖国的第一天，去了我们在海边度假的房子，在那里待了两个月。我知道如果总是向后看，只会看得脖子扭痛。我一直都是活在'当下'，而不是活在'过去'。

"很多欧洲和英国的幸存者，无论是经历了战争、袭击、自然灾害或意外事故，都会有负罪感。因为自己得以逃生，而其他人死了。我一直对自己说：我在难以克服的条件下有机会活下来，为什么要去看心理医生或咨询其他人？有谁比我对当时发生的一切更清楚？

"有些悲剧的幸存者需要接受心理援助和精神治疗。他们去医院、吃药，有些人还借酒消愁，有些人自杀了。为什么？有机会再活一次，浴火重生，而有些人却把生命浪费了！我决定继续活下去，我敢向你担保我过得很好。

我努力工作、运动，建立了一个美好的家庭，儿孙都很棒。我的职业和运动生涯都取得了成功，远比我年轻时想象的还要好。我从不向后看。

"我的生活中有什么被改变了吗？什么也没变。这便是我的生活，空难以及后来发生的一切都是我生活中的一部分。"

消除负罪感

让我们插播一段关于负罪感的内容，确切地说是"幸存者"感觉对死者有负罪感。迈克·格鲁姆是我采访过的一位澳大利亚登山运动员，长期与负罪感为伴的他非常了解这种情绪。

1996 年，他作为不借助氧气瓶攀上 5 个最高峰的小团队中的一员，成了探险咨询公司的一名向导。该公司由新西兰向导罗布·霍尔领导，罗布本人也是战绩赫赫的登山者，为几个客户提供珠峰（8844 米）登山服务。但探险情况不佳，8 名登山运动员因下撤时遭遇暴风雪而丧生，是高海拔地区死亡人数最多的灾难之一。

霍尔团队 6 名登顶的人中，只有格鲁姆和美国记者乔恩·克拉考尔（Jon Krakauer）两人活了下来。克拉考尔在畅销书《进入空气稀薄地带》[①]中讲述了这场灾难，该书还被改编成电影。矛盾的是，一些人认为该片也引发了 21 世纪初人们对攀登珠峰的狂热，造成珠峰"堵车"。

迈克·格鲁姆给我讲述了下面的故事：

"我是罗布·霍尔登山团队中唯一幸存的向导，霍尔本人也死了。想到这里我就非常有负罪感，至今仍挥之不去，就像一种抗生素都杀不死的细

---

① 英文版书名为 *Into Thin Air*。——译者注

菌！在我开始在喜马拉雅的登山生涯时，我就知道如果自己长期进行这场游戏（冒险攀登8000米以上的山峰），迟早要出事。1996年的事故对我来说也并不吃惊，说这话似乎有点儿奇怪。但玩俄罗斯轮盘赌[①]，早晚会遇到这样的灾难。"

在丢下快死的病理解剖医生贝克·韦瑟斯时，格鲁姆尤其有负罪感。在从珠峰下撤时，他在路上碰到了贝克。

"他坐在雪上，等着霍尔回来。那天早晨他失明了，正在休息。霍尔让他在这里等他从峰顶下来。贝克状态不佳，无法登顶。对贝克来说，这真是种失败。此时我决定用绳子把他绑起来，系在我的安全绳上。随后我尽力引导他安全下撤，避开一些非常危险的路段。天气情况非常恶劣，风特别大，能见度和温度很低，还不算高海拔的缺氧。

"贝克跌倒很多次，差点儿摔死。他看不见，而我可以。从某种程度上来说，我就是他的眼睛。18时15分，太阳下山时，我们碰到了倒在雪里的南波康子（Namba Yasuko），她也是团队中一名经验丰富的登山运动员。我很失望，走在前面的克拉考尔丢下了她，而我之前让他们走在一起的。拉着贝克的我负担已经很重了，再加上南波康子，我完全手足无措。"

必须要休息了。他们在死亡区度过了艰难的一晚。第二天早晨，格鲁姆做了一个重要的决定：

"贝克和南波康子虚弱得走不动，我决定把他们留在原地，自己返回位

---

① 俄罗斯轮盘赌（roulette russe）是一种残忍的赌博游戏。与其他使用扑克、色子等赌具的赌博不同的是，俄罗斯轮盘赌的赌具是左轮手枪。俄罗斯轮盘赌的规则很简单：在左轮手枪的6个弹槽中放入一颗或多颗子弹，任意旋转转轮之后，关上转轮。游戏的参加者轮流把手枪对着自己的头，扣动扳机；中枪的当然是自动退出，怯场的也为输，坚持到最后的就是胜者。——译者注

于海拔 8000 米处的四号营地寻求帮助。我相信那是我们唯一的生存机会。到达四号营地时的我已筋疲力尽，有人把我拖进帐篷里进行初步的救治。我记得自己告诉了别人去救贝克和南波康子，他们位于四号营地 300~400 米上的地方。如此高海拔的地区，每前进一步都很艰难。在我看来，斯图尔特·哈钦森（Stuart Hutchinson）博士拼命试图在大风雪中找到他们，但无济于事。日出时他再次尝试并找到了他们，但只是说他们都死了，所以我以为贝克也死了。下午我接到二号营地要求所有人从四号营地撤退的电话时，才回过神来。因状态不佳，我回复说会在第二天一早下撤。

"第二天早晨，我走出帐篷，告诉营地的人我们要在 8 点出发。回到我自己帐篷的时候，我看到两只靴子从一个帐篷里伸出来，那个帐篷不属于我们的团队。我看了一眼帐篷里面，发现一个人一动不动地躺在睡袋里。帐篷的两个门都开着，刺骨的寒风吹进帐篷里，我以为他死了。一路上我看到太多死后被冻住的登山者，不想再看到恐怖的画面。

"所以 8 点钟，我们如期离开了四号营地，并在几个小时后，到达7000 多米处的三号营地，等到了一支救援队。他们告诉我说准备继续上到四号营地，我吃了一惊。我问为什么上面已经没人了他们还要去，最后他们告诉我：贝克其实还活着。在那顶敞着的帐篷里，睡袋里面的人就是他。贝克奇迹般地重新站了起来，在夜里抵达了四号营地，而我没有看到他。显然，团队中的其他人知道此事。

"一想到把贝克扔在了路上，我就很难过。我问自己为什么其他人向我隐瞒了真相。后来，我觉得是他们想保护我，考虑到我的体力已经到了极限，得集中所剩的一点儿力量引导还能动的其他人下撤。很长时间，丢下贝克这件事让我有负罪感，但我学会了接受。"

为了摆脱负罪感，或至少缓解不适的感受，人类总会试图寻找各种理由，无论其是否合理。迈克想起的一些符合逻辑的理由，帮助他振作起来。

"我认为贝克也要承担责任。其实他在登珠峰前不久做过一场外科手术，他也知道越是往上爬，眼部受损就会越严重。他有自己的计划，而且明显不愿让我们知道。他计划在失明前爬到尽可能高的地方，然后依赖向导下山。在我看来这个计划有问题且危险。"

经历波折最终活下来的贝克，在下山过程中冻掉了几个脚趾和全部手指，而这些似乎并没有改变他的幽默感："有人已经提前告诉我爬珠峰会让我失去一条胳膊。他们都没想到还真说中了！"

格鲁姆和所有在路上与贝克擦肩而过的人都感到了负罪感，由此产生的自责永远无法完全从心头抹去。尽管如此，如格鲁姆所说，在死亡区和大自然对抗时"没有好人和坏人，每个人做的事都是为了走出去"。

避险资产

谈话的最后，我问南多有什么建议给大家，能让人免受日常生活中负面情绪的感染。他告诉我他不是心理学家，也没做过心理学方面的研究，所以没有什么处方可以告诉我们。他说："最重要的是活下去。"

人类拥有非凡的潜能。在他看来，不该等到碰上他曾经历的那种极端情况才意识到这点。乔戈里峰事故的幸存者威尔科，也和我说过相似的话："人比自己想象的更有能力。我们能在很多危急甚至有致命危险的环境下生存……虽然这很难，但我从未对乔戈里峰感到愤怒。有人一直对我说它让我付出了很大的代价，但我不这么看。相反，我认为乔戈里峰给了我一切，它让我明白自己的精神力量有多大。"

所有生活中的情绪波动：悲伤、抑郁、情场或职场失意、愤怒、极度恐慌、怀疑等，都会被岁月抚平，生活还是按着既定的轨道前行。人活着就会经历高低起伏，经常让人觉得生活艰难。但就如南多一贯的表述告诉我们的那样："若你已死或未生，生活可能会容易许多。"他让我们用相对的角度来看问题，为积累生活的"避险资产"投入能量和时间，其中最重要的就是家人。当南多被困在山里，他的父亲就是他坚持活下去的动力。这种"避险资产"比黄金或房产都珍贵得多，同样也让爬珠峰的贝克死里逃生。贝克对媒体说，当他处在离四号营地几百米的死亡区，被冰雪覆盖，离死神只有一步之遥时，家人出现在了他脑海中，"就像他们本人来到了我面前"，"想到不能再见到家人，让我难以接受"。他因此有了令人难以置信的力量，站了起来，扔掉了所有的装备，逆风前行。乔戈里峰事故的幸存者威尔科同样如此，他说自己"从地狱走回来就是为了见到我的儿子，事故让我更加意识到这一点。现在我活着的每一刻都像是加时赛时间"。

在那样困难的时刻，物质突然一点儿价值也没有了。南多说他明白了自己有多么渴望家人的爱，只有去爱自己的家人才能使人进步，在面对困难障碍时安然前行。此时对他来说，唯一重要的就是温柔和爱的举动，比如他在睡前和女儿们甜蜜的拥抱，此外其他的一切都是浮云。

不同寻常的探险也让南多和其他幸存者变得更加自信，其中的大多数人走出了独特的生活轨迹。罗伯托成了一名心胸外科医生，还是名政治人物，甚至参加了 1994 年乌拉圭总统竞选。南多现在领导着 6 家公司，是名了不起的商人、畅销书《我不会死在这里》[1] 的作者、一流的演讲者，还是杰出的航海家，有些人可能在地中海还碰到过他的帆船。他认为是安第斯山所经历的一切，赋予了他在个人生活和职业生涯中做决定的能力。

---

① 法文书名：*Miracle dans les Andes*，安第斯山的奇迹。

"当我和罗伯托爬上 4500 米的山峰，环顾四周，环境是那样恶劣。我们当时觉得自己死定了，但还是想做这场游戏的主人，自己决定将如何死去。几分钟后我们就做出决定，去面对高山。与之相比，我现在做的决定更容易也更简单。"

我由此想到同名实验室的著名创始人蒂埃里·布瓦龙（Thierry Boiron）有次说："我们在生活里没有做出足够多的决定。应该找回做决定的勇气，不被事情的发展左右。了解自己内在的情绪，不被来自外界的消极情绪影响。"

只有做出了的决定才有可能是"好的"，即便它也不能保证胜利。

关键时刻救人命的情绪

生命的绳索

本章讨论的是登山运动，不可能不谈连接着登山者们身体和心理的绳索，它同时也象征着情绪感染的现象。有趣的是，登山者们认为连接他们的绳索有一个"灵魂"：绳子的内芯是灵魂，外面缠绕着保护套。想象中，灵魂也连接着互相依附的登山者。

为了求证，我采访了埃里克·德坎普（Érik Decamp），他在霞慕尼的高山上做向导40多年，去过很多地方探险，比如喜马拉雅山、秘鲁和阿根廷境内的安第斯山脉、南极洲、格陵兰岛、美国、非洲，当然还有阿尔卑斯山……他也因为和前妻凯瑟琳·黛斯特薇尔（Catherine Destivelle）曾一起爬山而为人所熟知。他用一个很长的故事回复了我，故事的名字是《紧绷绳索系着的情绪》，我在此大篇幅引用如下。

"1990年9月，当时的我还不知道再过几天，到10月5日，我将要兴奋不已地登上珠峰。很快我就到达了海拔6500米处，位于西斜谷的二号营地。一个相对平坦的冰川延伸几千米，海拔逐渐变高。在我的前方上游，是冰川盆地的深处，有通往南山口的斜坡。三号营地位于海拔7470米处，也在同一面的小山肩上。最后的四号营地在海拔8000米的南山口。通向此处的斜坡都很整齐，不是特别困难。除了在三号和四号营地之间需要穿越两个技术性通道——日内瓦山嘴和黄带。所有的斜坡都有固定绳，大多数时候它们就是'生命绳'，让人更安全、更容易地通过最后两个通道。

"……我的朋友马克·巴塔尔（Marc Batard）让我监督此次探险的组织工作，他将再次征服珠峰。团队中有一位老朋友，他叫伊夫·勒·比松奈（Yves Le Bissonnais），我和他有很多美好的经历，特别是在格陵兰Ketil峭壁的那次。伊夫17岁时就残疾了，左腿膝盖以下被截肢。他带着假肢行走、攀爬、滑雪，是一个优秀的运动员和杰出的登山家。

"当天傍晚，我突然听到伊夫通过对讲机传来的声音：他经过了两条难走的通道，正开始朝着南山口长途跋涉。他刚在两条固定绳中间跌了一跤。从他的声音中可以感受到他很担心，怀疑自己在没有帮助的情况下能否独自到达四号营地，而太阳快落山了。在营地的马克立刻与伊夫连线，并试图帮助他，但距离太远，什么也听不到。马克的声音很不安，我害怕伊夫也因此更恐慌。

"从我所在的地方看到的伊夫只是远处的一个小点，就算用望远镜也是如此。但他在我的视线内，情况就大不同，至少可以确认对讲机中听到的信息。我相当专制地要求马克不要再干涉此事，让我一个人和伊夫对话。局势已经很困难了，最糟糕的就是没人清楚谁该和谁讲话，谁该负责什么。在我看来有两件紧急的事：通知南山口派人往下走去迎伊夫，在伊夫往上爬时陪着他。

"我很快通知了南山口，然后我给伊夫一些实用的指示（他在前面会碰到什么，固定绳的情况如何，等等），但最主要的是我不放弃他。夜幕降临，他的恐慌可能急剧上升,感觉到脆弱。对我来说,重要的是一直与他保持联络。当他前进时,头灯照亮了路,我看不到他。我让他时不时把灯转向我,好让我知道他的位置。彼此通过无线电进行简短的交流,让我了解他所经历的情况,告诉他前进路段的信息,并安抚他。随后我发现停顿、拿出对讲机、说话对于伊夫来说会浪费体力。他一直开着对讲机好听到我的声音,为了节省他的体力,我只要求他时不时把头转向我。他的反应速度能告诉我他的疲劳程度,也能在他遇到更大困难时提醒我。我掌握了他的进展,以及从南山口出发迎他的登山队员的进度。随后他们接头了,伊夫安全地抵达海拔 8000米的地方!

"时至今日,有一次我们互相发邮件还聊起此事。他对我说:'当我再次回想,往事仍历历在目,但有可能是幻觉?我觉得通过对讲机呼叫你既是传递信息——你看我快到南山口了;也是求助——帮帮我,我碰到了困难。我还能想起你当时震惊地问我一个人在那么高的地方做什么,我听到你的声音,自豪感油然而生,同时也深深松了一口气——我还能通知同伴自己所处的位置,听到你用镇定的语调告诉我如何抵达山口的营地。这些都给了我动力,让我最终安全抵达。'

"我再想起这段经历,觉得让伊夫安全抵达的动力中,首先当然是伊夫、马克和我三人之间互相信任的友好情谊,让我们之间的互动非常顺利。还有一种默契,我们能够理解发生的事情、彼此的情绪流动,并且尽可能用物质互相连接起来:能够看到彼此,互相说话,能传递信号,这些都是决定性因素。我们需要有形的对讲机让情绪的流动和智慧的交流更加有效。其中理性、身体和情绪三者是密不可分的。"

情绪的体现

为了便于我们了解他产生这种认识的源头，埃里克简单讲述了他开始从事登山运动的原因。当时 18 岁半的他，进入了巴黎综合理工大学。夏天和冬天，埃里克的父母经常带他和哥哥去汝拉和夏布莱山区度假，由此他对山也有所了解。

但被陡峭的高山吸引，还是因为他在预备班中碰到的同学们：一个来自巴黎，步履坚定、爱爬山；一个来自格勒诺布尔，他的家人经常去冰川；一个来自诺曼底，埃里克最初几次爬上塞纳河畔的峭壁、在勃朗峰高地长途跋涉都是和他一起。"当时作为数学系学生的我感觉到了'优雅论证'的趣味和美妙，让人用最容易的解法解决最困难的问题。我在攀登中发现了这一点。直面困难，用尽可能容易的方式征服它，至少看起来举重若轻……面对困难应付自如，剧烈运动却不致痛彻肺腑，我一直追求的是这样的乐趣。也正因如此，作为一个登山者，我把自己看成是一个矛盾的懒人。只要能优雅地达成最雄心勃勃的目标，努力训练流血流汗也在所不辞。"

他补充道：

"但很快就不仅仅只是精神上快乐，还有最本质的东西，（攀岩、登山）作为一种实践、一门学科，需要同时投入理性、身体和情绪。在此前，我偏爱理性（逻辑、解决问题、数学），对体育运动没有特别的兴趣，我那会儿可能也不擅长控制自己的情绪，也没想过自己将来有一天做得到。我从登山的过程中找到了一种平衡，让我能跟随心之所向。这种平衡依附于三个支点。一是理性。在评估所面临的困难、做决定、选择在背包里装上必要但不多余的东西时，都体现着理性。二是身体。达到技术要求，到处都需要体力。是身体让我们感觉到不适和不时的疼痛。三是情绪的体现。一系列的动作、平衡或不平衡，在地上 1 米、10 米、100 米或 1000 米处，情绪完全不同。

"情绪的体现，是走进令人恐惧的通道时，手掌心的汗水；不知令人担忧的声音从何处传来时的心跳加快、攀岩时着力点摇动、让人看不到支撑点在何处时呼吸急促。身体与情绪互相作用的体现，比如'冰后隙眩晕'。冰后隙是陡峭冰川底部的裂痕，是冰川运动的切口，通常很难翻越。它是攀登的第一大障碍，也是欲望与恐惧冲突的时刻，见证着情绪是如何出人意料地表现为身体症状——腹泻，一用力就哮喘发作，都是意志力瓦解的信号。有时在这样的时刻，身体会帮助或强迫人做出正确的决定——掉头。因为我们的身体会表现出症状，而精神却被强烈的欲望蒙蔽，不愿去看能反应天气变化的云朵、不佳的身体状况或其他被隐藏的信号。

"每天爬山所经历的一切都告诉我们，身体、理性和情绪之间互相影响。即便是一个笛卡儿主义的登山者，也很容易接受神经学家安东尼奥·达马西奥（Antonio Damasio）在《笛卡儿的错误》一书中强调的假设：情绪在决策中发挥的作用。我们每天都被情绪影响，有时情绪能使人更有行动力，有时会干扰行动，可能使人动弹不得，失去平衡，甚至产生毁灭性的影响。这包括哪些情绪？见到美丽的东西产生审美的情绪，让人忘了危险；盲目的狂喜让人失去了注意力；迷惑人的掌控感；丧失自信让人惊慌不安；因一次失败而产生的沮丧情绪；恐惧和逃避。"

寸步不离

埃里克继续说："然而，在这些复杂的互动网中，我们并不孤单。我总是想起 1987 年写在贾奴峰雪地里的几个字。我在同伴皮埃尔·贝金（Pierre Béghin）抵达后十几分钟到了一号营地，那是攀登这座高峰的第一天，我们计划用一周时间登上峰顶。我们刚刚遭遇了暴风雪，草地上一夜就积了两米高的雪。即便我当时身在营地，还是害怕会有雪崩。随后天放晴，高山上的风猛烈地吹着，我们决定继续向上爬，希望在登顶时还能碰上晴天。第一天时，皮埃尔把我的防滑鞋放在雪上，虽然被雪埋了，但幸运的是，暴风雪前我们经过这里时我插了根竹子，刚好标记出位置。他在雪地上写着：'我继续爬了。'我补充写道：'我也是……'见证着我们彼此之间的情绪动力，见证了我们如何互相鼓励，也是我们成功登顶的原因之一。将我们之间的连接物质化，在风雪中给对方留言，就像是后来连接我们的绳索和命运。

"我想和你聊的是连接，而不是为了突出当时惊心动魄的环境。我现在关心的是，我们应时刻保持警惕情绪的失衡，注意失控的最初信号，而不是在重大危机出现时才去管理。物理学家所说的'不稳平衡'，是指一个物体偏离平衡位置时，自然会朝着更不平衡的方向运动，而不是回到原来的平衡状态。登山者们了解我所说的'脆弱平衡'，当他在山脊上前进时，他非常清楚如果失去平衡就会跌下去。从情绪角度来看，二者非常相似。比如痛苦的情绪，越早接受，就越能预测疼痛的位置，越有可能阻止不好的结果。如果任由有毒情绪蔓延，就会越难补救。

"情绪在我们之间发挥的作用就像前进时用'紧绷的绳子'连接彼此。它指的是什么？我们两个连在一条绳子上，走在陡峭的山脊。我在同伴的上游，两人同步前进。如果他掉下去了会怎么样？如果我离他太远，绳子就'松'，无法在他掉落之前阻止，而且很有可能我会跟着他一起掉下去。所以我们之间离得很近，只有几米。'紧绷的绳子'不是说紧紧拉住绳子，而是保持彼此之间适度的张力，而这是互相陪伴的物化表现。这种张力也就是给予彼此的关注，让我们能注意到对方前进路上的迟疑，因疲劳或沮丧而出现的停顿，尤其能让我们在开始失衡时就及时阻止，而不是等到跌落的时候。

"紧绷的绳子象征并物化着彼此的积极陪伴和关注，并通过绳子轻微的张力传达给对方。与其说是奢求解决重大的危机，不如说是每时每刻的关注让人及时发现失衡的前兆并阻止。将彼此的连接物化，我才能安抚对方，而感到对方更安心后的我也更坚定。绳子是情绪传播的媒介，同时也让我们的身体连接在一起。身体的距离，代表着情绪的联系，我们可以好好利用这种注意力……

"有时，即便没有绳子连接，其他的东西也能代表同样的关系：在没有物质联系时，情绪仍能有效传递。在贾奴山我们留下的文字，让我至今记忆犹新，它们就是连接我们的绳子。在珠峰时，它指引我做出决定。我感觉到伊夫会回来，好让我们之间的距离变短；我感觉到了我们对话时的频率，有时我可以看到他的小灯在山中闪烁。重要的是不要断连太久，否则对方可能会更容易绝望。相信时间、空间、交流的频率，都是让彼此紧紧相连的'绳子'。我虽然离他很远，但我的陪伴可以帮助到他。而且我在听到自己的声音回响时，也感到内心更加宁静。情绪传染给对方后又反射回我身上，使得这一过程更加有效。我引用伊夫的话作为结束。

"'回想起这段经历，让人吃惊的是我完全忘了是先和马克进行无线电通话（我只能想起和你的交流），而你也不记得我为什么给你打电话（因为在到达通往南山口的山脊前，我滑倒在两条固定绳间的雪地中）！但毫无疑问，当时和你的交流发挥了紧绷绳的作用，帮助我找到了路，最后到达了营地。'"

聚
焦
情
绪

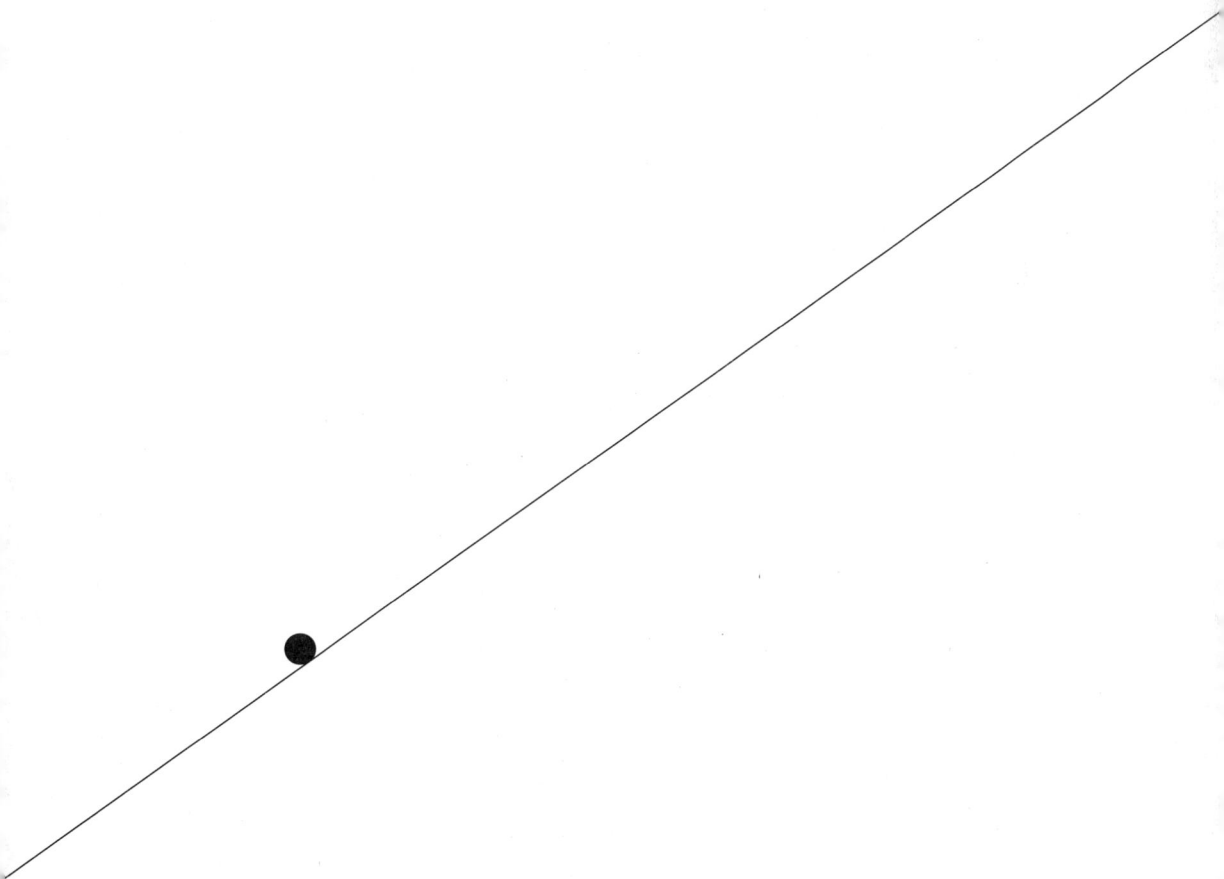

冥想的力量

冥想让人免受情绪传染

我和玛德琳娜在印度长途旅行时，印度人表现得极为镇定。也许是因为佛教文化的熏陶，印度人不易感染有毒情绪，尤其是身处困境之时。他们更重视修行，而不是让自己过于情绪化。

据我所知，乔戈里峰的幸存者威尔科并不是佛教徒。他对我说，多次在山中探险时，他首先寻找的是"生命的意义"。他认为应该问问自己："你爬这么高的山，真正的动机是什么？冒着生命危险，你想达到什么目标？山峰本身并不是终点，你想在生活中实现什么？回答这些问题的时候，人的精神得以升华，精神变得比心理和情绪更有力，更不容易受到有毒情绪和负面的情绪氛围影响。"

为了更好地了解这种生活哲学，我去采访了《企业中的佛教精神》①一书的作者埃里克·泽奇尼（Eric Zécchini）。他是拉马·丹尼斯（Lama

---

① 法文版书名为：*L'Esprit du bouddhimse en entreprise*。——译者注

Denys）的徒弟，在里昂桑伽洛卡冥想中心做了 4 年禅师。在那里他进行冥想，学习佛法，成了冥想导师和法师。作为拉马·丹尼斯的门徒，他是否比其他人更不容易受到有毒情绪的感染？

"真正的传统都传达了同样的信息，可以归纳成德尔斐神庙那句著名的格言：认识你自己，你就能参透宇宙和上帝。在佛教中，人们通过观察自己的心理，特别是情绪机制来认识这一点。最佳的方式就是冥想。'冥想'这个词被翻译得很糟糕，其实冥想只是静静地坐着，有意识地观察我们身上发生的一切。不管发生什么，无论是负面（比如愤怒）还是正面（比如感恩）的情绪，冥想者都带着善意，不加评判地接受自己所有的情绪。我们于是看到自己的情绪'经过'，就像看云朵从空中飘过，于是就能发现自己曾经那么看重的想法、感受、情绪，不过是被放大的现象，就是为了吸引我们的注意力。但说到底，云朵不就是水蒸气？重要的是情绪传递的信息，而不是它的表象要理解情绪本身带来的启示。

"与情绪保持一定距离，能治愈和平静人的精神和自我。此时，情绪的机制变得清楚，我们开始意识到之前的情绪和生活经历之间有着无意识的联系。花一点儿时间研究一下愤怒，就会知道愤怒的出现是在告诉我们某些东西不适合我们。我们保留并分析这条与自己相关的信息，但不会让自己处于令人难以忍受的情绪状态中。荷尔蒙的冲动不会干扰我们的行为或决策，我们意识到有些情绪是有害的，嫉妒、怨恨……它们只会带来不幸和痛苦。

"冥想和退休后的独居生活，让人思考孤独的本质、神经官能症和恐惧。尽管思考是平静的，但要承认思考的过程会令人痛苦。所以在传统的佛教中，先要做法师的门徒。法师已成功走出了一条路，能够在理论和实践方面指导门徒，理论和实践相得益彰，但不一定一个微笑或秋天的一片落叶就能让人大彻大悟。觉醒可以归纳为理解真正的自己，与周围的一切不可分割的一种基本的自然生物。在这种意识状态下，情绪既无利也无害。正面或负面的情绪不会干扰精神，而会化为极其重要的智慧。"

他继续解释说：

"大乘佛教中，所有的修行都不是只为了自利，而是为了给世间万物谋福祉。所以我们希望万物都能感受到内心的平静并达到觉醒。我们并非宿命论者，也不是消极悲观，而且恰恰相反！我们只是明白烦躁不安于事无补，感情过于外露让人更自我，对普罗大众并无益处。随着时间的积累，微小的想法和行动都会产生一系列无限的影响。这便是我们所说的因果，也是为什么在困境中我们努力思考，保持冷静。信佛的人一直会把善意的眼神、语言和行动，作为赠予身处困境、恐惧焦虑之人的珍贵礼物。"

紧接着，我问埃里克·泽奇尼，他是否会进行冥想练习，驱散有毒情绪。他说："压力特别大时，我喜欢走近大自然。比如在海边、河岸、林间或在城市中的公园散步，都非常有好处。没有什么能阻止人倾听宁静的声音，也许可以意识到自己内心的混乱。这也是一种可以随时随地进行的冥想，无须繁文缛节。法师也解释说，其实方法非常简单，但也正因如此，我们很难做到。"

科学如何解释冥想？

从 21 世纪初起，冥想科学"大爆炸"，主要的研究方向之一就是冥想对情绪机制的影响。发表的几百个心理和神经科学研究成果，证明了正念冥想对于情绪的益处。在此方面的前沿学者中，威斯康星大学心理学教授理查德·戴维森（Richard Davidson）、法国国家健康和医学研究院主任研究员安托万·卢茨（Antoine Lutz）以"专家"冥想者（进行了至少 1 万小时以上的冥想练习）为样本进行试验，其中包括法国著名的和尚马修·里卡尔。他本人对这类研究也很感兴趣，于是接受自己成为实验对象。

通过脑电图和神经成像记录所有受试冥想者的脑部活动，研究者发现当受试者开始正念冥想时，岛叶和杏仁核的活动减弱，而这两个区域主要和焦虑与恐惧的出现有关。而且冥想可以改变情绪传导路径，有时会有很大的改观。

马萨诸塞州综合医院精神科教授、哈佛医学院心理学教授萨拉·拉扎尔（Sara Lazar）认为，冥想确实可以改变大脑的功能和结构，特别是情绪脑。初步研究时他们发现：每天冥想约40分钟，几年后冥想者的左前额叶皮质增厚，而这一区域主要与人的情绪和幸福感有关。另一项研究中，16名受试者进行了为期8周的冥想后，海马体（在平衡情绪中发挥重要作用）变大，杏仁核缩小。最近，安托万·卢茨及其团队还发现，正念冥想可以"加强"杏仁核与腹内侧前额叶皮质之间的联系，后者直接参与情绪调节。

众多证据表明冥想确实能让人抵御有毒情绪：高级冥想者在有压力的社交场合下（比如公共演讲），分泌的压力激素更少。正念冥想有助于摆脱抑郁，使复发概率降低约40%。所以说冥想和抗抑郁药一样有效，而且副作用更少！

年纪很小时就可以开始学习正念冥想。一项针对408个比利时中学生的研究中，受试学生来自5个中学的24个班级。其中一半参加了为期8周的正念冥想课程。实验结果表明，8周后，参与了课程的学生表现出的焦虑和压力相对更少。而且在课程结束半年后，冥想的好处更加明显。说明在学校设置此类课程或许能帮助减少和预防青少年抑郁。

萨拉·拉扎尔教授建议日常每周在导师带领下冥想30~40分钟，自己每天练习40~50分钟。想要对有毒情绪免疫，重要的是有规律地练习。

勇气：抵御有害情绪的防火墙

南多、威尔科、迈克，还有最近牺牲的中校贝阿尔诺·特拉米（Arnaud Beltrame）——这名 45 岁的警官为解救被劫持的一位女性，付出了自己的生命。他们的勇气，打破了人遇到危险拔腿就跑的自然法则。

但什么是勇气？

从科学角度来看，勇气并不是一种人格。勇气背后其实隐藏着多个概念，其中被研究最多的是调节情绪（更确切地说是恐惧）的能力和意愿，有明确的目标，有些情况下是利他行为。

以色列的研究者成功找出了人类大脑中勇气的位置。2010 年，在实验室进行的一项研究中，研究者找到害怕蛇但想要战胜恐惧的受试者，并让他们躺在核磁共振仪中以记录其脑部活动。受试者不能动，身边设有传送带，上面有一条 1.5 米的蛇。蛇被尼龙刺粘搭扣带绑住，以防意外发生。

受试者只需按动手边的按钮，就可以控制传送带及上面的蛇前后移动。想要克服恐惧时就按"前进"键，传送带上的蛇就会靠近受试者的头部。核磁共振仪显示每次传送带前进时，大脑中的亚属前扣带皮层（简称为 sgACC）就活跃。由此得出结论，很可能就是该区域使人产生勇气。

勇气是可以学习的

勇气是不被自己的恐惧传染，也不被其他人的情绪传染的。为此，我与波士顿大学的研究员加布里埃尔·萨拉（Gabriel Sala）一起，近距离研究了法国国家宪兵特勤队（GIGN）的队员。他们的口号是"为生命担保"，尤其是为其他人的生命担保。9 名队员参与了我们的研究。

2016 年我们发表的研究结果显示，这些百里挑一的精英，在面对极端条件勇敢行动前，也要调节恐慌的情绪。为此，他们优先选择的情绪调节策略是"认知重新评估"，这是平息负面情绪非常有效的一种方法。该法的基础，是个体重新解读所面对的条件并调整情绪反应的能力。比如在高速公路入口处看到一起事故，可能会使人分心。与其关注马路上血腥的画面和痛苦的伤者，不如以一个消防队员的视角来看。他需要给伤者进行初步救护，还需要保持冷静。这样可以减少主观的消极情绪，使人冷静下来，直面现实。说到底，这就是一个情绪问题。

有趣的是，对法国国家宪兵特勤队的队员来说，恐惧的调节似乎成了一种反射，犹如第二天性。心理和身体的自动反应使得他们能够快速适应极端环境。

所以，勇气是可以学习的。

勇气会传染吗？

美国福音布道家葛培理牧师（Billy Graham）说："勇气会传染。一个人做出勇敢之举就足以让其他人抬起头。"但维基解密的创始人朱利安·阿桑奇（Jullian Assange）指出："勇气当然会传染，但恐惧也会。"哪一个占上风？得承认经常是恐惧占上风。比如说南多，他在尝试号召勇敢的同伴一起去寻找救援时，也有短暂的一刻钟没人响应。很少有难友准备好和他一起去冒险翻越高山，大多数人都害怕得动弹不得。

同样，在日常的工作和个人生活中，更多人喜欢把别人推到风口浪尖上，而不是自己迎难而上或追随前驱者。甚至在不需要勇气的情况下，我们也经常缺乏勇气。因为 90% 的恐惧都毫无根据，且人很难不屈从于强大的群际情绪[①]，这点我在《对抗恐惧，提高情商！》一书中已写过。

想要获得勇气，就要学会提高情商。情商包括各种心理能力，我在很多的文章、书籍和专栏中都写过。有情商的人能征服焦虑的情绪，在必要时承担适度的风险，做出更好的决定，尤其是涉及重要决策时。我们对企业的研究[②]显示，被花钱雇来"做决策"的管理者中，很少有人是情商专家，说实话只有不到1%。幸运的是，情商可以习得。

[①] 群际情绪是指当个体认同某一社会群体，群体成为自我心理的一部分时，个体对内群体和外群体的情绪体验。对比群体认同程度高的人们和群体认同程度低的人们，其群际情绪表现会更强烈。——译者注

[②] 这是一项针对1035名法国企业管理者和领导者的研究，其中女性500名，男性535名。

流动的安全感

安全港

把埃里克·德坎普和他的登山队友们连接起来的物质与情绪之绳，或是在南多与罗伯托穿越安第斯山脉时连接他们的无形情感之绳，都是生命中重要的情感纽带，连接那些对我们看重的、想要努力维系的人。每次受到打击时，只要想到他们就会获得力量，重新振作起来。

在这些人中，首先是家人（广义上的，包括血缘或养育关系）。你是否还记得，在我收集的所有案例中，家人就像一种"心理避险资产"。接受过眼动脱敏再处理疗法（EMDR）[1]的人都知道这个词的含义。该疗法的目标

---

[1] EMDR 的全称是 Eye Movement Desensitization Reprocessing。1987 年，心理学家 Francine Shapiro 在一次散步的途中发现伴随着自己眼球的左右运动，正在思索的令她烦心的想法竟消失了。随后她展开了一系列研究，并证明对于处理 PTSD 症状的有效性，能够帮助人们从困扰的生活事件中获得疗愈，减轻症状和情绪的干扰。EMDR 现在被美国精神分析卫生协会（American Psychiatric Association）认可为处理PTSD 的干预手段之一。——译者注

是使人摆脱干扰性或创伤性经历后产生的有毒情绪，其核心手段之一是巩固"安全港"。治疗师坐在患者对面，"让其回想一个使自己感觉更平静和有安全感的地方。然后试着想象到达了那里，注意感受所有在此地获得的愉悦感受，并在心里描绘出画面：比如树叶和土地散发出令人陶醉的香气，咖啡入口时的美妙滋味，清风拂过时温柔的声音和轻抚。所有感觉细节的再现使人如身临其境。患者进入状态后，治疗师让其用一个词来概括总体的感觉。这个词可以是安详、平静、爱、信心、骄傲、和平……随后让患者只专心想这一个词，接着想这一个词的同时想安全港，全程都闭着眼……"，里昂眼动脱敏再处理疗法的注册精神病医生向我解释道。

对于多数人来说，"安全港"或"心理避险资产"是童年或天伦之乐的回忆。我的"安全港"是想起童年时，中午到下午两点之前、放学后或假期我住在姥姥家的晚上，她坐在沙发上给我挠后背。

心理避险资产可以在日常生活中积累，就是存下那些与家人共度的美好时光。如埃里克·泽奇尼所说，关注当下可以让人及时注意到各种情绪失衡的苗头并制止。这就是为什么亲密的情感互动或童年与亲人在一起的琐碎时光，后来都成为独一无二的财富，让人坚强。

比如您正在读的这些文字是我和我女儿埃丽萨（她用一根指头）一起用手打出来的。埃丽萨今年5岁，特别想帮我工作。面对她的干劲，我完全是突发奇想，好不容易为她找到件事，我在键盘上每打一个字她就按一下空格键。当然，我费了好长时间才打完这一章，而且她错误的"操作"把我写的东西都删掉的时候，我还烦躁了一会儿。但同时，我们分享了很多欢笑。也许某一天沮丧时，我们还会想到这段父女共度的欢乐时光，由此平静下来，免受有毒情绪的传染。

保持紧密连接

投入时间和爱，时不时去祖父母家看看，积累这种心理避险资产非常重要。很多书籍都谈到祖父母，经常用风趣的方式表现出爷爷奶奶们在承担老年人的新角色时碰到了多大的困难[①]。其实越来越多的老年人抗拒并尽可能减少与孙辈的交流，好充分地享受 50 岁后自己充实的人生，没有人会说这自私。

于是造成了一种因果关系：与孙辈的关系纽带从未得到巩固，某天儿孙的行为无意识地报复了老人，表现在他们从来不或很少去看年迈的祖父母。那时，因为老人们身子骨不再那么硬朗，社交生活也更少，感觉到深深的情感缺失。他们感觉到孤独、缺少与人的接触，而这些加速了他们的衰老。

去看看闷闷不乐的爷爷奶奶能阻止以上情况的出现，尤其能排解老人的忧愁。3 位美国弗雷明汉[②]（各位还记得吧，这地方可是一个真正的露天实验室）的研究员在 10 年中研究了 5124 位年龄在 30—64 岁的人，发现孤独感非常具有传染性，在家庭、朋友圈内会快速传播。有一个感到被排斥、孤立、放弃的朋友或家人（可能是物理上的因素导致，因为他们过着与世隔绝的生活；也可能是心理上的，因为他们感觉不好），感到孤独的风险增加40%—65%。朋友的一个朋友感觉孤独，风险增加 14%—36%。若是朋友的朋友的朋友，风险增加 6%—26%。这种传染什么问题也解决不了。

所以，为了避免把人可怜地扔到养老院，所有人可能都要在一开始就做出努力。祖父母爱的缺失对孩子的成长非常不利，因为后者在回想有安全

---

① 在此我感谢我的父母和祖父母，他们很好地完成了这项工作。

② 美国马萨诸塞州东部城镇。——译者注

感的记忆时，不幸只会发现一些空白。保持紧密的连接会使彼此都受益。你还记得埃里克·泽奇尼写的相关内容吧：与他人保持情绪连接能让自己更安心，因为可以相互提供保障。在一段关系中缺席时间过长是有风险的。

当然，我们可以和其他人建立情感连接，但他们从不会比家人之间的连接更坚固，更能给人力量。

情绪是把双刃剑

过重的负罪感？

在南多看来，我们这些欧洲人（他把英国人也包含在内）负罪感过重，老是在"后视镜"里回看自己可能会伤人或不道德的行为。当然，他不是在赞扬罪行，而是为了让我们意识到一个事实：我们日常在反思时，倾向于武断地认为一切都是自己的错，而这不利于心理平衡。

当我们认为自己已经或将要做出应受谴责、违反道德规则的行为时，产生的一种社会和道德情绪，它比单纯的尴尬要强烈，那就是负罪感。负罪感不是只有害处，它也可能使人受益。负罪感让人知道不能逾越哪些社会界限，在反思自己行为的后果时，人得以成长。感觉到了负罪感，人才会努力"弥补"犯下的错误。甚至有时我们还会向他人倾诉，征求别人的意见，了解别人在相同的情况下会怎么做，这些有助于社会连接的建立。负罪感和羞耻感相反，后者更容易使人否认、回避、自我封闭。如果人没有负罪感，就一点儿也不会考虑他人，因而更不适应社会群体生活。

前事不忘，后事之师。记住之前的自责能让人在当下更好地行动，避免撒谎或作弊之类的行为，相当于试错。甚至有些人在做"坏"事之前就会自责，他们是其他人眼里的好员工、负责任的好领导，也是好朋友、好爱人、好父母。为了避免伤害或辜负他人，他们做事时更有担当、更愿意倾听、更有同情心和同理心，甚至更准时。他们在行动前也会先想想行动的后果！

但负罪感不是只有好处。过度或长期的负罪感会损害身心健康，可能会使人痛苦，认为自己是个坏人，没有安全感，逐渐变成一个因循守旧的人。有负罪感倾向的人经常想太多，心理负担增加。他们在工作或个人生活中总是操心太多，忽视了自己的需求和欲望。过度自责使人抑郁。

亚历山德拉就经历了这种抑郁状态。她30多岁，是巴黎人。3年以来，她在家人、老板和媒体面前，把自己当成11月13日巴黎恐袭的受害者。她是钟琴酒吧（Carillon）的常客，该酒吧是遭受恐怖主义袭击的两个酒吧之一。亚历山德拉因自己当天没有在场而有负罪感。枪击过后，"幸存者"综合征开始折磨她的内心，以至于她开始自我灌输，认为自己必须也要成为一个受害者，感受遇难者遭受的暴行，方能偿还心债。在负罪感作用下，她的大脑出现紊乱，"我当时应该在那儿"的想法变成了"我当时就在那儿"的幻觉。错误的思考方式让她困在一个不断膨胀的假象中。她还把自己当作受害者的发言人，定期参与受害者的内部聚会。她甚至把巴黎市的名言"风吹浪打，永不沉没"①文在胳膊上。

康斯坦茨大学的教授阿莱达·阿斯曼（Aleida Assmann）从人类学的角度研究文化的记忆与遗忘，她认为负罪感也可能是群体性的，甚至一个国家的全体国民都可能有负罪感。我也经常吃惊地注意到，身边的德国朋友也和我一样有负罪感，尽管他们都从未经历过战争。我是阿尔萨斯人，听着战争

---

① 原文是拉丁语：Fluctuat nec mergitur。

故事长大，有些人说我的负罪感是我自己想象出来的。但德国作家本哈德·施林克（Bernhard Schlink）在 12 年前接受《世界报》记者弗洛伦斯·努瓦薇勒（Florence Noiville）采访时表示他"通过对原始社会的研究，已经理解了负罪感代代相传的机制"。在原始文化中，当部落的一个成员杀了其他部落的人时，杀人犯所在的部落可以将其驱逐或让其家人看管。家人看管犯人，也就承担了犯人的罪行，于是一个人的罪行就波及整个部落。在德国，战后第二代决定不抛弃过去的历史，接受老一辈融入团结的社会中。父辈、叔叔辈们被大家接受，成为政客、法官、教授……而儿子们默默承担了"父辈"们的错误……"我认为集体负罪感，就是没有犯罪的人也要承担另一个罪犯的错误。"他继续说，"他们表达羞耻感的方式很隐匿，经常会像真正有罪的人一样禁欲。"

阿莱达·阿斯曼认为，当德国人在电视上看到纳粹犯下的恐怖暴行，可能就产生了"德国人的负罪感"，受到长期的精神创伤。这种集体负罪感部分是由表观遗传现象[①]导致的，电视和网络上不断播放的集中营照片和视频也加强了该现象，使观众无法忘却。

大脑里绽放的烟花

神经科学家已经定位了人脑中的负罪感回路。这种情绪"调动"了很多有助于认知（也就是理解其他人不同观点的能力）、道德评判、同理心和处理负面情绪有关的区域。借助医学成像技术，科学家们看到核磁共振成像仪

---

① 表观遗传现象是基因的核苷酸序列不发生改变的情况下，基因表达出现可遗传的变化的现象。——译者注

下一位受试者的大脑。当其产生负罪感时，脑成像图如烟花绽放般亮起：大脑中的杏仁核、腹内侧前额叶皮质、中部和侧眶额皮质、前扣带皮质、额下回、前岛叶、颞顶交界、颞极、前颞叶、颞上沟、楔前叶、压后皮质、梭状回……全亮起来，电脑屏幕上的景象美丽得如同极光。

更确切地说，威斯康星大学的研究人员，在功能性核磁共振成像和扩散核磁共振成像的帮助下，观察了40名年龄在45岁以下罪行相似的犯人大脑。其中20人被诊断为精神病（我在前文已经提到他们缺乏情绪波动），其余20人无精神病。结果表明，精神病患者大脑中腹内侧前额叶皮质与杏仁核的连接减少，而前者参与管理负罪感和同理心。笼统地说，大脑中的这两部分区域似乎没有正常互通。这不代表有精神病的犯人没有负罪感或同理心，只是该模式没有形成。

由此我们可以放心，不是一有负罪感就可能变成汉尼拔莱克特（Hannibal Lecter）[①]。但问题是我们过多地责备自己：因为增加的体重、错误的选择、不想复习考试的懒惰、冲动消费、一封过于有报复性的邮件、多次健身缺课、非法下载音乐（哎呀，从科学角度来看，剽窃者真是一点儿负罪感都没有啊！），等等。

---

① 汉尼拔·莱克特是由汤玛斯·哈里斯所创作的悬疑系列小说中虚构的人物。莱克特最先出现在1981年的恐怖小说《红龙》中，接着是在1988年的《沉默的羔羊》、1999年的《人魔》，以及2006年的《沉默的羔羊前传之揭开罪幕》中。莱克特原住在立陶宛的莱克特堡。8岁时（1944年），苏联军队在东线追击德国军队。莱克特全家为躲避德国军队而来到树林中的猎场小屋。不久小屋被苏、德双方军队的战斗波及，双亲遇难，汉尼拔与妹妹美莎相依为命。在寒冷的冬天，几个曾加入德军的立陶宛人闯进小屋（现在这些人脱离了德国军队，并在抢劫苏军军车后抢劫民宅时出于报复打死了他们将死的德军指挥官），后来由于饥饿，他们将已患肺炎的美莎杀害再将其吃掉。汉尼拔心理遭受重创，从此8年未开口说话。——译者注

我们为什么会有负罪感？

让人总是为各种事情自责，还有一个原因，尽管这有点儿不可思议。当人感觉到负罪感时，大脑中的一些结构会被激活，其中就有在奖励和习惯回路中发挥核心作用的伏隔核。这让问题变得有趣了……

人经常会沉迷于让人产生负罪感的快乐。换句话说，人会做那些"被道德批判"但"被神经赞许"的行为，比如偷偷摸摸去见情妇或情人，在早餐的面包片上多涂了一勺巧克力酱。有时人最想做的就是那些最让人有负罪感的事。屈服于负罪感带来的快乐时，人体释放出多巴胺，它是在大脑不同区域间传递快乐的生化分子，其中就包括伏隔核。多巴胺到达奖励中心时，后者就注意到是我们的行为或想法带来了愉悦和满足的感受，负罪感和愉悦感在大脑中就互相关联起来。于是被大脑释放的化学物质欺骗的我们，努力想要再次获得同样的感受。慢慢地，我们开始沉迷于某些罪行带来的快乐而无法自拔。负罪感反过来又增强了快乐的感受，形成恶性循环。

病毒一旦进入我们的身体，就很难去除。情绪开始自动传染，而越有负罪感，对这种情绪就越是依赖，就越有可能产生前文中提到的副作用。想想那些酒鬼的自述，酒精带来的快乐如昙花一现，与之相比，他们的痛苦深重无边。

负罪感过度的人很快就把自我形象搞得很糟，由此又容易滋生抑郁或消极的想法。杜克大学的著名研究员丹·艾瑞里（Dan Ariely）进行了诸多相关实验，结果显示当一个人的情绪被内心的负罪感"污染"后，很难过好生活。他们相信自己的本质就是坏的，于是会做越来越多不好的事。

但也没必要夸大其词。不是说因为在气头上的你怼了同事几句就要为此难过或自责几个星期或几个月。当然，你也许不会这样，但如我们前文所说，这种情况能让我们学到很多。你并没有犯杀人罪：保持冷静也很重要，明白事情的严重程度。

负罪感的问题在于它让人自我感觉糟糕，与内疚带来的不适感相反，这种糟糕的感觉来自和"你是谁"及"做过的事"的比较，这便是差异所在。但你应该还记得：情绪并不代表你，也不是一种人格特征，它只是一种流动的信息。对自己多一点儿同情，学会自我原谅，尤其是向你信任的人诉说问题。这样做可以缓解可能会快速膨胀的负罪感。

总结

为了避免被毁灭性情绪感染，建议大家或者可以进行冥想。让我们在繁忙的生活中，学着看负面的思绪和情绪"经过"，就像静看天上云卷云舒。也让我们重拾正在消失的勇气，成为命运的主人，而不是总被情绪感染。最后，让我们积累心理避险资产，关爱家人，彼此紧密相连，携手共进，在这个让人负罪感过度的社会中少责备自己一点儿。

一个念头决定生死

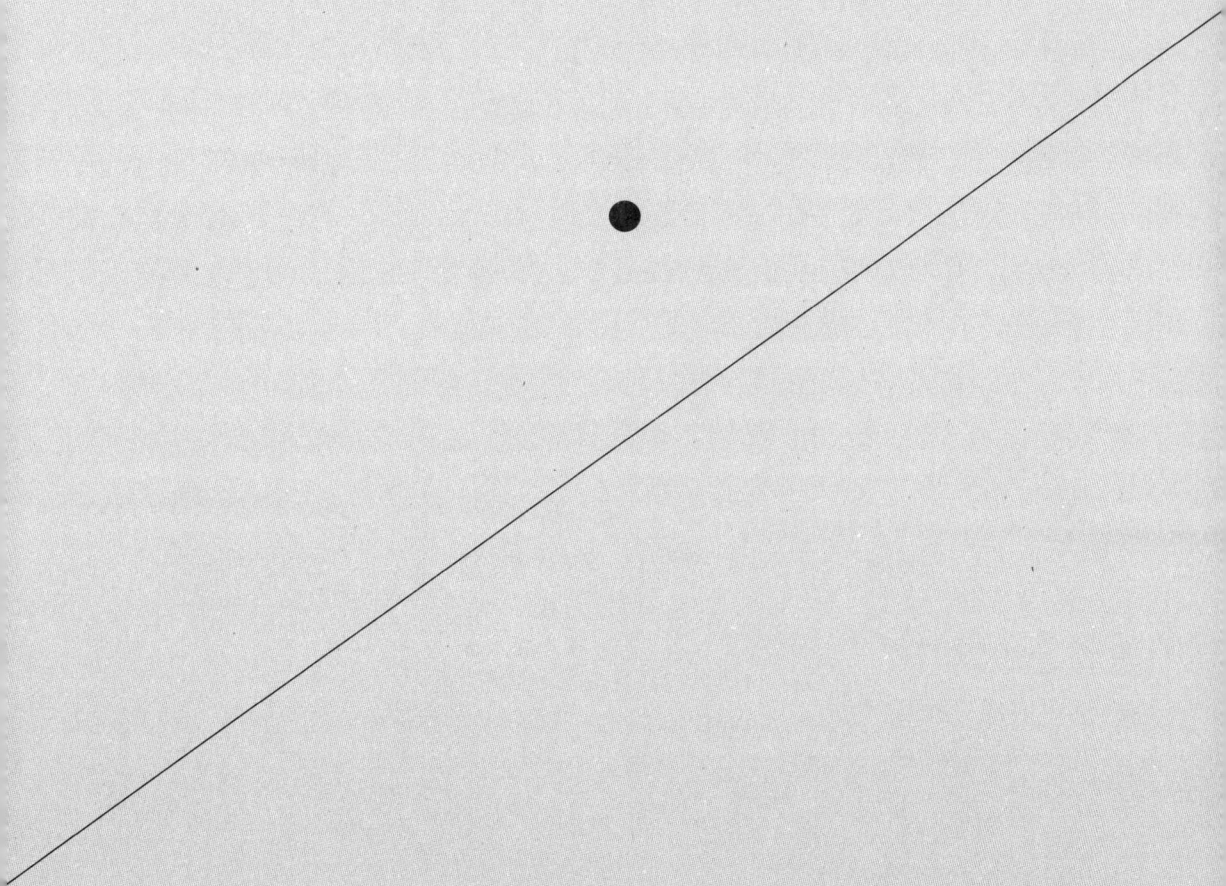

司法剧在法国不是很火，但我一直都挺喜欢看。小时候，在冬天的周日晚上，妈妈、弟弟和我经常守在小电视机前，看《梅森探案集》。这是一部根据厄尔·斯坦利·加德纳（Erle Stanley Gardner）的小说改编的美国电视剧。每一集，我们都迫不及待地想看律师梅森（雷蒙德·布尔饰演）的最终辩护：他的辩护情绪激昂，决定着被告的命运。他的口才让陪审团折服，观众的情绪也跟着七上八下，最终戏剧化的结尾震惊四座。最近，我又发现了一部很棒的西班牙电视剧——《纸钞屋》[①]，里面的拉奎尔·穆里洛（Raquel Murillo）是一位优秀的女警探，负责人质谈判[②]。

为什么开篇我要说这些？因为在本章中，我们将要去了解两个职业：刑事律师和谈判警察，他们是最"情绪化"职业中的两个。对从业者来说，其关键点在于真诚又带有一点儿策略地表达某些情绪，同时抑制另一些情绪。

---

① 《纸钞屋》，西班牙语为 *La casa de papel*。——译者注
② 人质谈判是指在绑架案中，谈判员与劫匪之间的谈判，风险很高。——译者注

是谈判警察，也是情绪医生

暴徒、警察和人质

比如作为黑豹突击队（RAID）[①]的谈判代表，如何像拉奎尔·穆里洛一样与劫持者或狂徒对话？我采访了黑豹突击队的前谈判主任，克利斯朵夫·考彭（Christophe Caupenne），以理解当一方想让另一方屈服时，双方的情绪如何流动。

"我在黑豹突击队工作了近20年，确实有机会在高压禁闭室里观察'情绪感染'这种特殊心理现象产生的影响。准确地说，我参与和领导的谈判不少于350例。每个戏剧性的故事里，受害者、劫持人质的亡命狂徒，都陷于强烈的情绪中，比如恐惧、愤怒、仇恨、绝望、蔑视、嫉妒，不一而足。于是我和他们进行情绪互动，好像'情绪通道'远程连接着我们各自的大脑边

---

① 黑豹突击队简称RAID（法文 Re cherche Assistance Intervention Dissuasion 的缩写），隶属于法国内政部，1985 年 10 月 23 日成立于法国巴黎，现有警力近 120 人，全部从国家警察中选拔，平均年龄 35 岁，是法国警察的一支精锐力量。——译者注

缘系统，以至于彼此的情绪会互相传染，就像同时被一种病毒感染。这种情绪感染产生的影响不容小觑，有时会有不好的结果。"

克利斯朵夫·考彭想起在奥尔良附近发生的一起案件。劫持者是一名30岁的男人，无业。在和27岁的前女友分手后，他想不通，又可恶地去挑衅威胁对方。最终，情绪失控的他报复前女友并劫持了她。

"半夜我到达现场时，局长办公室主任（一个又高又瘦，又没有耐心的男人）来到我们的'谈判'车上，态度肯定地向我们解释说：'情况非常糟，劫持者疯了，陷在一种病态绝望的逻辑中。'我想我应该同意主任的观点，考虑在加入他的案件调查时不能冒犯他。我已经记不清有多少次，相关部门把我们找去，对我们说：'该试的方法都试过了，但什么用也没有，所以我们才把你找来。'——言外之意是：你得努力找到解决办法。

"我们一般都是在一开始就介入案件，以便在其他警力到达前就收集到最多有用的信息。这段时间很宝贵，我们在此期间可以确认危险的程度，对将要处理的危机有一个'合理的'判断。

"就是在此时，我走近年轻的当地副警长。他马上道歉说：'少校，很抱歉把你找来，但……我没能让他出来（劫持者把自己和他的前女友人质锁在房子里）。'我让他放宽心，这样做没问题。谈判是我们的工作，他应该叫我们来。此时他才尴尬地对我说：'是的，但……他有一把刀！'两秒钟的沉默好像有一个世纪那么久。看着我怀疑的脸，他又提前致歉，重复道：'抱歉啊……是的，他只有一把刀！'

"我应该对他说些什么，比如'危险的不是武器，而是手握武器的人的决定。'听完我的话他松了一口气，但脸上还是表现出负罪感，显示着他的担心。我们这行无小事，对危险的错误估计经常要付出代价，有时候极力挽救也为时已晚。

"长长的黑色警车队终于抵达。办公室主任对警队长重复了老一套辞令，队长也恭敬地回答说我能完成任务。当所有的警力都到位后，我接到信号，可以和劫持者接触了。他大声斥骂我们，声嘶力竭地愤怒咆哮。通过交流，我明白他之所以有攻击性，一部分归因于他和之前的警察互相挑衅产生的'镜像效应'[①]。他只有一把刀，使得之前的警察并没有把他当回事。因此他感觉愤怒，决意要证明他绝对不会妥协……永远不会让步。

"事实上，之前的谈判员都试图与之角力。目前劫持者得一分，因为他让警察们无计可施，败下阵来。经过漫长的几个小时谈判，他终于承认自己并不是真想杀前女友，悄无声息地结束这场闹剧对他来说更有好处。他屈服了，我的任务完成，没有人员伤亡。我与当局又进行了私密交谈，他们对此案的解决很满意。

"此案的结论是：最初介入的谈判警察和劫持者的情绪互相传染，同一种有毒情绪在他们之间蔓延，即好战和自恋的挑衅。每个人都像一面镜子，反射着情绪，使之不断升级。都认为自己很厉害，肯定能赢得争论，对方一定会屈服。估计错误。"

晕头转向

另一个劫持人质事件发生在塞纳滨海省。一个男人刚突然被解雇，就被前女友从家里赶了出来，她还觉得他是个失败者。这个评价太过了！男人喝

---

① 在自我意识心理学中，别人对自己的态度犹如一面镜子能照出自己的形象，并由此而形成自我概念的印象，人们把这种现象称之为镜像效应。这一效应来源于库利的"镜中我"理论。

了酒，愤怒不已，掏出一把霰弹枪，朝着家门开枪，邻居们叫来了警察。他把自己和前女友关在家里，尽管并非他本意，但他的行为已构成人质劫持。救援警察也没能让他放下武器，于是黑豹突击队就被叫来了。

"我和该男子取得联系时，他对我说的第一句话就是：'伙计，别玩我，我知道你会把我搞得晕头转向。你就是操纵者。我认识你，我看过 D8 台的报道……节目中你就哄骗了一个和我一样的可怜人。别费劲了……'

"要征服这种人，首先不要自我辩解，也不要试着证明自己是在伸张正义。只需要表现出开放的姿态、同理心以及你对对面这个人的兴趣。

"对面前这个劫持女友的醉汉我还是做出了回应：'可我在这儿，我很想知道发生了什么？你看起来也像个好人，怎么就让自己走投无路了？'

"他生硬地回答：'但你才不把我放在眼里呢，你在乎的是她，这个婊子！你想救的是她……我在你们看来是个屁！'

"我立即回击：'你对她做什么只是你的事，只与你及你的意识有关，我在此时此刻关注的是你。我很清楚现在发生的这一切没一件事是你所希望的……'

"于是我们就开始了谈话，尽管他浑身散发着酒气，还有暴力倾向，但我只用了两个小时，他就同意放下武器，放开人质。"

克利斯朵夫·考彭是如何做到的？

"答案很简单：用一系列特定的情绪感染对方，主要是惊讶和恐惧。"

出其不意的效果

"谈判员运用的情绪策略中，我们发现他们利用惊讶情绪的影响，打破了对方坚信的想法和逆反心理。当我认真地对塞纳滨海省的劫持者说，我并不在意人质，她并不是我关心的焦点，自动就解除了劫持者向我们施压的手段，他也拿下了顶在人质头上的枪。

"把人质从冲突中剥离出去是转移问题的好办法。目的是不再处于一种要挟、威胁或暴力的关系中，这些都是对劫持者有利的因素。要让劫持者知道自己处于相对弱势的位置上，人质也只是其中的一个因素而已，并不是重点。为了强调这一点，还可以紧接着说：'你想对这个人做什么就做吧。'用《孙子兵法》里的话说就是：要想胜利，先要做好失去一切的准备。这不仅是一种精神准备，更是从力量关系来思考问题的方式。利用出其不意的言行，打破对方想当然的预判。

"同样的，在另外一个案子中，在一个歹徒快要投降时，我出其不意地对他说：'不要太快出来，不着急啊……你不用为了讨好我而决定走出来，而是要做出自己的选择。我在这里只是陪着你做决定，不是为了影响你。'出其不意的影响很大，因为当你有了正直的光辉，就会令人信任，有助于快速解除危机。你可能是第一个敢于诚实直言的人，尊重劫匪也是一个"有自由选择权"的个体。如果劫匪是个有荣誉感或自负的人，又被社会（体制）及其代表中伤，这招就更好用。坐在他对面，尊重他，又不费尽心思让他放下武器，这种方式挽回了他们的面子和荣誉。所有人都希望自己面对的是一个亲切、中立、友好的人。

"这种诚实让你不会试图向对方撒谎。对一个走投无路的人说实话需要勇气。'是的，你会被拘留……是的，检察官会指控你持枪劫持的犯罪行为，你可能要上重罪法庭……是的，你可能失去孩子的监护权，因为社会不会原谅你把他们作为要挟的手段……'

"指导原则只有一个：说实话。如果一个人质疑将会发生的事情，他会判断你的可信度，判断的部分依据就是你的回答是否中肯。"

恐惧

"谈判员也会利用恐惧,因为恐惧是一种古老的干扰性情绪。它的原始性在于这种感受融合了理性(暴徒认为在邻居屋顶上对准他的是名优秀的射手)和非理性的感受(夜幕降临,所有人都突然感觉更容易受到攻击)。谈判者知道如何利用认知的两面性来削弱一个人。

"句法结构的运用也是为了影响对方,就像辩护律师做的那样。重读某个词,比如在句首重读'注意'一词,突然表达出威胁的态度。私下密谈交流时压低语调,强化密室和谈话的神秘感,只会让信任的建立更加容易。

"总结来说,谈判员运用情绪来影响对方。他们会表现出同情,站在对方的立场考虑问题,理解对方的思维方式,以及其提要求背后传递出的真正需求。只有理解这些,才能找到解决此类问题的钥匙,所以谈判员会给对方很多时间表达。法国伦理学家约瑟夫·儒贝尔(Joseph Joubert)曾说:'用自己的道理或许可以说服别人,但想让他人信服必须套用对方的逻辑。'

"但我和你讲的以上全部内容,并非源于这个职业专有的'谈判员'基因。对于我来说,谈判并不是与生俱来的天赋,必须努力训练,熟能生巧。用情绪去感染一个劫持者,是门需要学习三年的长期课程。这门课程中理论与实践相结合,要学习沟通、社会学、跨文化、被害者研究、精神病学等。要知道,在此过程中,我们不是只关注劫持者和谈判员之间的关系,有时问题比其表象更复杂,比如人质与加害者产生了情感联系。"

斯德哥尔摩综合征

加害者和人质之间出现此类情绪感染的风险很大,警方一直监视着人质的心理适应过程，以控制此类症状产生的影响。在斯德哥尔摩和伦敦发生的两个案件，通过不同的方式证明了该现象。在克利斯朵夫为我们分析前，我将快速和各位一起回顾一下这两起案件。

1973年，罪犯让·艾里克·奥尔森（Jan Erik Olsson）持枪抢劫了斯德哥尔摩的瑞典银行，当时银行里的客户和职员共有60多人。警察马上就到了，于是歹徒开始劫持人质。大多数人质都被放走，但奥尔森还扣留着4个人质。在他的要求下，警察释放了他的一个被拘留的同伙——克拉克·欧佛森（Clark Olofsson）。两个劫匪把自己和4个人质锁在金库里（一个4米×16米的狭窄区域），其中有两天他们滴水未进，还要钱和车辆逃走。尽管谈判员尝试多次，但谈判都未能成功。第五天，上级命令发动进攻。但银行里出现了一种奇怪的情绪传染现象。介于警察和罪犯之间的人质，站到了劫持者一边，后来人质还拒绝做证。

面对人质的反常行为，医生们研究了可能的机制原因。美国精神病医生弗兰克·欧什伯格（Frank Ochberg）将其命名为斯德哥尔摩综合征，认为这种心理过程有三个基本要素。

（1）部分人质反常地对劫持者产生了依恋，或不可思议地同情起了劫匪。在他们眼里劫匪不再是敌人，反而能保护人质免受警察攻击。

（2）劫持者和人质之间产生惺惺相惜之情。人质会为劫匪开脱，重新形成对其积极的看法，双方互惠互利。劫匪也感觉不能再伤害与自己处于相同困境的人质。双方感觉彼此都是一条船上的兄弟。

（3）双方都敌视警察。欧什伯格发现，人质与劫持者合作时发生的这种敌意转移，体现了人质无意识的求生欲。为了给自己的遭遇找到意义，劫持者和人质都反抗警察，后者突然成了他们不可能完成预先计划（一般指逃跑）的阻碍。被围困的人质和劫持者都出现了防御性反抗行为。

克利斯朵夫向我们解释说："人质和劫持者都怕马上会死，这让他们有共同的感受和特殊的经历，彼此之间形成了强大的凝聚力。人质想要增加自己生存的概率（经常可以观察到的反应），试图与施害者建立关系，甚至与之互动。对人质来说，此时无法接触到警察和当局，所以也影响不到后者。如果人质要让自己的行为产生影响，就只能直接去影响劫持者。只是这种现象还没有理论解释。

"此外，尽管要想活下来就不得不投降，但投降还是会让人有羞耻感和负罪感。此时，只有和劫持者站到一边，才能部分或全部解释这种怯懦的合理性。人质努力说服自己，认为劫匪想要抢银行也是有道理的，他们没有抢劫任何人。而大家处在一个利益至上的社会中，有些人总是受害者。于是抢银行的劫匪可能就变成了人质眼中的骑士，为被压迫者出气。

"劫持者担心自己行为造成的后果，努力想要自我辩护，希望能获得受害人的道德宽恕。反正也走投无路，尽可能让人质在诉讼法庭上不要说对自己不利的话。除了人质和谈判员外，他也没有其他可以说话的对象。于是转向那些对他不是那么抗拒的受害者，传递对自己有利的信息。在与人质交谈时，劫持者让人质重新有了作为一个人的价值，人质会对劫持者产生感恩之情。如果劫持者没有施暴，人质便会愈发感恩。这涉及特殊情况下的情绪感染。"

伦敦综合征

斯德哥尔摩综合征对应的是一个人质幸存的案例，而伦敦综合征主要源自一个人质被杀害的过程。

1980 年 4 月 30 日，一群恐怖主义分子袭击了伊朗驻伦敦大使馆，劫持了 26 名人质。他们要求马上释放伊朗关押的 91 名政治犯。谈判取得了效果：5 名人质因健康问题被释放，恐怖分子也很快放弃了开始的要求，只提出要一个大使馆的仲裁和一张去同盟国避难的安全通行证。

但 5 月 5 日，人质中的一位伊朗外交官精神崩溃，要求恐怖分子"停止犯罪行为，并尊重他的外交官身份"。此后什么都不能让他平静下来。恐怖分子没有其他办法，只能把他杀掉，并把他的尸体从窗户抛出。危机由此升级。恐怖分子威胁说每 15 分钟就会杀掉一个人质，还杀了一个使馆新闻随员。恐怖分子此时已走投无路，只能一条道走到黑，要么成功逃走，要么死路一条。

次日，突击队闯入大使馆，5 名劫持者被击毙，还有一个被俘获。

发生了什么？

克利斯朵夫回答说："人质非常焦虑，特别是害怕警察介入，人质从劫持者的眼神中也能读出恐慌，这让他们变得更焦虑。恐惧感开始占据整个大脑，使人要么不惜代价地行动，要么变得迟钝、大脑一片空白，手足搐搦。

"冲动的人质不顾一切地想要找到逃离的出口，这是一种无法自抑的恐慌。可能想要身体逃离（逃跑或袭击劫持者），或是在无法逃脱或反抗时的心理逃避。可能会有以下症状：思维阻断、适应退化综合征（变成了一个脆弱的小孩）、急性妄想症发作（因为妄想可以让人远离创伤性现实）、暂时性精神病（癔症或强迫症），最后还会想'间接自杀'，即制造冲突，引发第三方的报复行为，让自己被杀掉。对于人质来说，行动是尝试重新把握自己命运的方式。而此时的行为是冲动的、过度的、粗暴的。

"要知道，被绑着的人质最后的逃跑机会，就是在劫持者疏忽大意的时候疯了、死掉。有时死亡是唯一的逃离方式，也是最后对抗无法忍受但又无法逃避的境遇的手段。人质会无意识地认为：'我还能控制一些事情，因为现在我还能决定自己的死亡。'"

关于斯德哥尔摩综合征及伦敦综合征，克利斯朵夫总结说："通过上面两个例子我们发现：当几个人在一起时，有可能突然出现一种反常的情绪机制，扰乱正常的关系发展，甚至使人完全失常。自欺欺人也没有用，我们无法阻止复杂的相互关系作用，它们是集体压力的固有本质，没有任何一个系统能抵御其影响。这些现象都很常见，会引发骚动，广泛存在于所有文化中，应该引起世界各国警方的重视。"

浇水园丁

克利斯朵夫另一个有点儿冒犯性的问题："罪犯会不会在情绪上压过谈判警官？"

"确实有人会问这个问题，因为只要几个人之间有互动，一方就很可能被另一方影响。以我的经验来看，我可以肯定地对你说部分罪犯有种信念、人格的力量，或有种魅力，无论是哪个警察都会被他感染。我也经历过好几次这样的情况，当我参与到司法警察打击抢劫组的工作时，遇到了一位被大众称为'帅侠客'的罪犯。他们是有气魄的混混，多数是个头目，有时个性怪癖，经常逞能，总是很大胆，让人产生敬意。即使被拘留时，他们的言谈举止中也经常透着傲气。他们脸上留下搏斗的痕迹，无疑告诉人们：一定是动用了'必要的警力'才将他们擒获。

"听证会上，陈述他们的罪行、谈及关于其个人生活的离奇故事和其童年遭受的虐待，令人越发同情。我经常自言自语地说：'好可惜啊，这哥们儿误入歧途了，而他本来可以是个好人的。'有时他们的故事就像《悲惨世界》中一个悲惨的章节，无论谁看了都会同情和宽容。于是我们就偷偷地想：

'他变坏也是情有可原的。他生存的意志令人印象深刻，他努力通过抗争摆脱悲伤。强大的个性力量……走上了犯罪道路……可惜啊！'

"和大家的想法相反，并不是所有的罪犯都是缺德的恶人，有些甚至还讨人喜欢，因为他们有自己的价值观，并遵守着自己内心的准则，比如不会攻击老年人或警察，不会抢穷人，但会抢银行。我们把这些人称为侠客大盗（造假、走私、不正当交易或称霸一方的黑帮）。但现在这种分类已经过时了，年轻一代极端盲目的暴力激进行为与之背道而驰。承认他们身上也有讨人喜欢的地方并不能减轻他们犯下的罪行，法庭也不会因此轻判。但这让我们承认，在人生的岔道路口，并不是所有人都走上了正道，很多人误入歧途。

"我在黑豹突击队当谈判主任的这么多年里，我也经常对自己说：'我们面前的这种小伙，其实本质不坏，但发生的事情让他们手足无措，或者他们运气不好，厄运意外降临在一个普通人头上，就像闪电一般，摧毁了他们的生活，改变了他们的命运，让他们无法脱身。'

"相反，有些罪犯努力想要激发警察的反叛、愤怒或仇恨情绪，激化与警察的关系，把自己置于无路可走的境地，没有人再会妥协或宽容。这是一种激发反感、拒绝的方式（经常是无意识的），会自我加强，让行为人（暴徒或劫持者）避免有任何弱点。偏执狂罪犯就经常属于这种情况，他们极不信任第三方（警察、当局等），他们逼迫谈判者采取强硬态度，以此来证明自己的杀人动机。"

当警察面对一个"好人"或"可恨的人"时，团队合作能让他们免受情绪感染。多个调查员一起工作，可以架起一道情绪防御墙，以免受到消极影响，避免警察对令人同情的小混混或暴徒产生情绪依恋，或对一个让人仇恨和反感的罪犯态度强硬。团队协作让警察直面现实，保持客观。

"有时，我和暴徒建立了过于亲密的关系：十几个小时的电话，同处在一个令人容易情绪失衡的密室，就是亲密的痕迹！当你和一个绝望的人聊了好久，听他讲述自己的生活、倾诉非常私人的内容，回忆痛苦与失败，或者你参与其中，对他的经历发表看法，双方之间就不可避免地建立起亲密的联系。这种联系降低了你的理智抵抗力。你可能很容易就同情心泛滥。其他的队友，特别是团队里心理学家就是发挥'情绪过滤网'的作用。他们会阻止你陷入同情和宽容导致的决策无能中。当你自己陷入暴徒的情绪深渊时，团队中这些专业人士的存在就非常必要了。维克多·雨果在《悲惨世界》中就说：我们的幻觉就是和我们最相似的人。"每个人都有自己的弱点，都有自己关于正义、非正义、对错、令人安心或担心的幻觉。我们的认知将世界分成"可能"和"不可能"，于是在我们恐惧的心理周围，就出现了整面的白区盲点，我们甚至不再怀疑自己的想法。因此团队中有几个专家或心理医生、精神科医生是必要的，能控制盲目和"隧道"效应（只看到问题的局部，看不到全局）的风险。当你意识到以上所有障碍时，你就会接受和团队一起工作。

"谈判员可能掉进'良好关系'的陷阱中。最常出现的就是我们都有的一个弱点：谈判开了好头时，便被已经取得的进展控制，再也无法对谈判方说'不'。因为害怕破坏彼此之间不稳定又脆弱的关系，不敢有任何反抗对立的想法。很多谈判新手就是这样掉入老手的陷阱中，做出了妥协。而如果开始阶段就是沉默和争斗，是不可能达到这种目的的。下一步就是要求对方反过来做出让步。

"当然，良好的关系是经过激烈斗争才与对方建立起来的，谈判新手不会冒险破坏这种关系、从头再来。确切地说，当对手似乎决定放弃谈判时，谈判员自己的恐惧占了上风。我们在培训谈判员时教的第一项内容就是：要果断拒绝所有和战略不符的选项，哪怕引发冲突、要重新开始。事实上，要知道我们从来不是从零再开始，因为之前取得的进展及对方做出的妥协也是种有益的认知过程，已得到精神上的承认。"

处在情绪的矛盾之中

"概括来说，所有人都会被狡猾的人影响，变得行动鲁莽、忘记常识。在很有挑战的谈判中，所有人都可能成为'良好关系陷阱'的受害者。必要时，我们应该时刻做好失去一切的准备，才能不牺牲自身的利益。团队协作对谈判员帮助很大，与能保持情绪不受传染的人合作，可以让谈判员看到或理解情绪传染的过程。

"但团队也不是百分百可靠的情绪防火墙。在一些特别罕见的情况下，劫持者的情绪会传染整个黑豹突击队。一下子，整个团队都被负面情绪传染，感觉怀疑、恐惧、愤怒、仇恨或反叛。

"为了解释这一点，要理解团队的力量也是不可思议的情绪加速器。我们的大脑仍保留着原始的结构，影响着人类的很多行为，尤其是群体行为。一直以来，领导者们试图操纵人类的这种原始冲动。20世纪时，我们看到好多个国家的大型仪式中，成千上万的人跳着战争舞蹈，参加阅兵，处于一种巨大的幸福之中。而这些仪式的目的就是让潜在的敌人害怕，激发特定群众的民族主义狂热，以实现情绪的大范围传染，是小群体情绪传染现象的增大版。让我给你讲一个与之有关的故事吧。

"在埃松省，一个人把自己关在房间里，对着窗户外面的城市猛烈扫射。黑豹突击队接到求助赶来。当所有的警力都部署完成后，我在他楼下的一个汽车修理厂出口处开始与之谈判。作案者50多岁，是个隐伏的偏执狂精神病患者，认为向世界发起战争的日子终于到来了。无论他用什么矫揉造作的哄骗伎俩让我上当，我都不会从他窗下的藏身地走出来。于是他临时制作了

'莫洛托夫鸡尾酒'，扔到了我头上，差点儿把我活活烧死。

"作为谈判员，会对罪犯有种宽容和同情之心，并受到这种情绪的影响。所以需要专注于这种情绪，为谈判做好准备。但当对方试图活活烧死我时，道德契约就被撕碎了。我还记得当时感受到的仇恨，特别是事故之后同事们的愤怒。一种低沉的咆哮从一个队员传到另一个队员，传遍了整个团队，大家都在说：'注意了，我们准备突击，给那个暴徒一点儿颜色看看！'

"现场指挥的两位领导——国家检察官和警局办公室主任，支持强制干预以逮捕暴徒。他们也感觉受到极大的冒犯，眼前的暴徒已经越过了道德的容忍范围。自此，大家宁愿战斗到死也不想和平解决。我和另一名谈判员及心理学家登上台阶，加入突击队。此时突击队已经开始强攻罪犯的房门。暴徒在隔墙后面射击，煤屑和粗砂四溅。冲在前面的突击队员开始扔榴弹（防御性的弹药，不会伤人，但会产生爆轰声，起到震慑暴徒的作用）。警犬也被放了出去，当我们听到屋子里的暴徒开始吼叫时，前面的黑豹突击二人组冲进了房门。

"尽管暴徒的右脸被大面积咬伤，他还是决定用一只胳膊最后一次拿起武器，用力朝突击队员的方向射击。其中一个队员的无线电耳机线被暴徒猎枪里射出的野猪弹截断，离他的喉咙只有几毫米。不管怎样，暴徒还是被制伏了。

"大家的情绪和心理都很矛盾，仇恨和压抑的情绪交织，我们不知道是应该让暴徒为他刚刚的谋杀行为付出代价，还是应该控制自己，展现出职业素养。在最后时刻，我们选择了纪律和理性的明智之路。那天团队成员的经验，让我们克服了潜在的情绪传染，没有做出过分的行动，这还没有算暴徒的邪恶。他蓄意挑衅，想要杀掉我们。被戴上手铐时，还用虚情假意的声音说：'但愿我没打中任何人吧？'说这话太过分了，一位突击队员对着他的脸骂了一句，命令他闭嘴，暴徒一阵狂笑。当时的气氛紧张，所有人都想把他毒打一顿。在我们看来他一点儿人性都没有，就像一个冷血的野兽，应该被彻底消灭。大家感觉一块石头堵在嗓子口，压得人透不过气来。一股肾上腺素流进血管，热血涌到脖子、脸上。即将爆发的愤怒让人容易犯错。于是我们要求分局的警察们马上把暴徒带走。他没有被我们报复，我们也得以放下复仇的冲动，平息情绪。

"但不要认为这种集体性的情绪调节很容易。因为反抗的情绪会传染整个团队，力量出奇的大。残留的压抑情绪，让人感觉被冒犯、口苦、想发火、一点就着。人性的好斗（有时是兽性）激发出突击队员内在的暴力，淹没了理性，让人被原始的本能摆布。因为一旦做出暴力的举动，道德约束被解除，集体做出不可弥补行为的风险就会增加。长时间被压抑的愤怒会导致暴力行为。动乱也是这样产生的，个体的失望和叛乱累积，最后终于找到了触发点。

"概括来说，一些个体也会被集体性的复仇欲鼓动。后者是强有力的纽带，营造出团队所有人都感染了同一种情绪的幻觉。在此情况下，人们认为自己的复仇欲就是正义的一种合理形式。面对冒犯和羞辱，人们等待着正义以牙还牙，但结果经常令人失望。时间久了，人就会认为世上并没有正义可言，于是试图自己伸张正义。仇恨的情绪经常会群体传染，特别是以自发的方式。因为集体行动自古就是驱散恐惧的一种方式。每次听到警察或消防员说：'子弹打穿脑袋，事情很快就能解决了……'，我们就知道复仇是人的自然倾向，在很多的战争国家或暴力频发的地区都能观察到。

"复仇欲是一种符合逻辑的自然本能，历史上就是构成一些原始社会的基础，比如古巴比伦《汉穆拉比法典》中'以牙还牙'的同等报复法。我们信任法官、法律、规定，认为社会能做出相应的惩罚，避免无休止的帮派和家族仇杀，于是压抑了这种复仇本能，但它还存在于我们的心灵深处，准备找到机会再发泄出来。在群体中合法解除压抑的情绪，愤怒很快就变成疯狂的仇恨，挡住了其他的致命情绪。因此，集体的力量也会变成集体的缺点和弱点。当大家都被一种情绪传染时是无法自我调节的。"

消除现场的情绪传染

如何消除负面情绪的传染？

"我将分享最后一个例子，告诉大家身处现场消除情绪感染有多么困难。当你面对挑战时，强烈的情绪如滚雪球一般，可能感染到你的同事，造成一次行动的失败。最重要的是把情绪扼杀在摇篮之中，尤其当你是众人关注的领导时。

"有一次我们在法兰西体育场演习，我被一种情绪搅得心神不宁。很多群众扮演一个恐怖主义团伙，他们劫持了大量人质，我们就要演练解决这种情况。

"我们30多辆车组成的长车队从维拉库布莱附近的基地出发，一辆挨着一辆，拉着警笛，全速前进，在车流中开出一条道来。我和团队的车在车队中间，速度表显示车的时速已高于100千米，超过了很多沿途车辆。

"在一条加速路口，一位头发花白的老妇人开着车突然冒了出来，差点儿撞上我们。我的同事打了一下方向盘避开她，但她挡住了我们身后车辆的路。于是我们就看到她的车撞上警车后完全炸毁了。好几辆车追尾，我们还听到车身相撞的声音。第一辆车还在继续前进，并没意识到刚刚发生的事故。车队后面已经乱作一团，无法前进。有人死了吗？受了重伤？那个白发老太太怎么样了？突然，我感觉到一种厌恶情绪，掺杂着对卷入事故者的担心。我厌恶的是：为了一次简单的演习，我们在路上就发生了严重的事故，太愚蠢了。长期以来我们承受着风险，但都是有原因的，比如为了救寡妇孤儿（我们习惯这么自嘲）。

"这次事故是无谓的风险造成的，所以不能被接受。过了好久，我们才接到队长的初步信息，他让我们放心，没有人受重伤，老太太也安然无恙，队里的两辆车报废了。

"我之所以说这件事，是因为现在我还能感到当时那种奇怪的非理性情绪：既感觉有必要继续完成任务，又感觉担心和厌恶。在这种情况下，很难不去考虑情绪，表现出沉着冷静。但又得做出表率，展现出一个领导的自信。因为你知道情绪会传染，要装作不受任何事情影响的样子。但其实心里乱成一团，觉得发生的事情非常荒唐。如何管理这种矛盾的情绪？说实话，这方面我们也训练过。

"所以我们知道如何控制情绪和任务的开关。当无意识的情绪波动出现时，我们强迫自己把注意力只集中在任务上。关注点就只有任务和迫切要做的事，而不是怀疑、害怕、厌恶、愤怒。这让头脑中的想法似乎'吱吱作响'起来，好像理性与情绪之间有静电干扰。继续完成任务，但情绪并没有平复，随时准备发作。当一位同事在行动中受伤了，也会有同样的感受。任务为重，要排除心理干扰，才能坚信自己在做正确的事。

"为了继续前进，还要考虑到在混乱之中，得有一个人站在高于行动的角度，保持全局观和冷静的头脑，坚守战术，远离意外的情绪干扰，提醒大家哪些才是优先事项或急需解决的任务。因为在压力的影响下，其他人都不清楚哪些才是自己要完成的紧急任务，必然也不知道团队该做些什么。

"最后，当有毒情绪出现时，能让人不失去理智的是肾上腺素。执行行动时，肾上腺素的刺激下，人会产生一种活力，掩盖消极的情绪。使人积极、主动、有斗志。但不要认为消极的情绪在行动结束后就会消失，只是对任务目标的专注和肾上腺素将它们暂时'掩盖'。但回到家，脱掉制服，行动失败，压力降低后，潜伏的消极情绪会再次出现。"

行动之后

受到打击后，如何才能免受情绪感染及残留的有毒情绪影响？

"最好的方式就是花些精力做行动后总结，了解其中可能有哪些积极和消极的影响机制、心理死胡同、盲区。此时就应该畅所欲言，承认自己搞错或被骗的地方，否认事实没有任何用。伊本·西那在这方面就有很精妙的评注：'犯了一个错误后找 1000 个理由辩解，相当于犯了 1001 个错误。'事后总结是一种不可替代的危机后管理教学工具，能让人在未来少犯错，学会新的心理调适方法。

"面对情绪影响时，意识到自身的弱点也很关键，完全不用因此自责。有积极或消极的情绪都是正常的，情绪是我们适应世界的绝佳武器，也是人类的财富，是我们应该接受的一部分人性。"

是刑事律师，也是陪审制度的高级玩家

在重罪法庭上

行动一结束，克利斯朵夫及其同事就把暴徒移交给有关部门。被捕的罪犯可能会被关进精神病院，罪行严重的会被移交重罪法庭接受审判。最严重的会被判无期徒刑，有些会被判为轻罪，即符合减刑的条件，交由轻罪法庭审判：如果判定为"情绪化"行为，也就是在生命受到威胁时做出的行为，可能会被判 5 年监禁；如果是刑事犯罪，判刑更重，面临 5—20 年监禁。

重罪法庭是一个非常特殊的地方。当事人在沉重的氛围下被带进来，有种宗教的肃穆感。受到最严重罪行指控的被告中，比如蓄意杀人或故意杀人（二者的区别在于是否有预谋），有些人可能会被平反，更多人将身陷囹圄。被告上天堂还是下地狱，取决于 6 名陪审团成员（有时是 9 人或 12 人）。他们从年满 23 岁的普通选民中随机选出，玛丽①就是其中一员，她向我们讲述了这次特殊的经历。为我们解说的是公设律师菲利普·比勒瑞（Philippe

---

① 此处为匿名。

Bilger），他因代理过克里斯蒂安·迪迪埃（Christian Didier）、弗朗索瓦·贝斯（François Besse）、鲍勃·德纳尔（Bob Denard）和埃米勒·路易斯（Émile Louis）等人的诉讼案而知名，还有法国律师协会的头面人物弗朗索瓦·圣-皮埃尔（François Saint-Pierre）。

2009年6月，玛丽收到了第一封司法部寄来的信，通知她在下一次重罪法庭随机抽取的预备审判员名单中。"我当时感觉又高兴又害怕，过了段时间，我也不再想了。大约过了一年，我收到了第二封信，让我于2010年5月出庭[1]。收到信的我既震惊又对庭审充满好奇，还上网查了相关信息，对我即将担任的陪审员职责有了些了解。走进位于里昂老城的法院，穿过24根圆柱，进入克劳斯·巴比（Klaus Barbie）[2]曾接受审判的大厅，我坐在"满是历史"的座椅上，心潮澎湃。

菲利普·比勒瑞向我解释说："重罪法庭是一个特别的地方，那里见证着残忍的罪行、悲惨的故事、误入歧途的灵魂，还有极强烈的情绪，气氛很沉重。曾在这里审理案件时在场人的情绪、案件的波澜，冷汗、焦虑，似乎浸染了周围的墙壁，就像鞣制过的皮革一般。"

律师弗朗索瓦·圣-皮埃尔对里昂老城的法院也很熟悉，他对我说玛丽去的这个法院"非常小，就像大多数重罪法庭一样，人和人隔得都不远。有一天，一个证人在做完证后对我说：'真是震惊，我竟然听到被告压抑喘

---

[1] 担任陪审员是公民义务，每个接到传唤的陪审员都有义务出庭。

[2] 克劳斯·巴比是德国纳粹分子，1936年起加入党卫军。曾担任驻扎在里昂的党卫军指挥官，拷打和审讯过抵抗组织领导人让·穆兰。他在此期间的残忍为他赢得了"里昂屠夫"的绰号。1945年，巴比被美国在德国的情报机构雇佣，1951年，他到了玻利维亚。1983年，他被玻利维亚驱逐出境，并被引渡到法国，在里昂的法庭受到审判。巴比于1987年被判处犯有反人类罪，后来死于狱中。

气的声音。'在如此狭小的空间内，情绪的传染只会更快更容易！"

玛丽继续说：

"经过半天了解信息并与书记官及审判长交流后，我们次日要参加第一个案件的审理。那是一起持枪抢劫案，我没有被抽到。幸亏没有抽到我，因为我很害怕，当时心跳每分钟有 200 下。我想吐，我的腿在抖！我需要透点儿气，于是我去公园里的长椅上坐着缓了缓。但我还是认为自己一定要被抽中一次，经历一场法庭内的审判。第二个案件是强奸案 [①]（和同期审理的 3 个其他案件一样），这一次抽中了我，我没有拒绝。"

法语中 récuser 就是拒绝的意思。在一个诉讼案中，辩护律师（或被告本人）可以最多拒绝陪审团 4 次，拒绝检察官 2 次，不需要做出解释。为了解释这一点，弗朗索瓦·圣 - 皮埃尔律师提到了一部根据真实事件改编的传记电影《哈维·米尔克》。

"哈维·米尔克（Harvey Milk）是一位公开同性恋身份的美国政治家。他和社会中反对同性恋的力量做斗争，为同性恋者争取权利。20 世纪 70 年代，他在旧金山被杀害。犯罪嫌疑人丹·怀特（Dan White）的律师，故意找了一群狭隘的人担任陪审，好操纵他们的情绪朝着自己想要的方向发展。不出律师所料，怀特只受到最轻的判刑。因为整个刑事司法系统的基础是陪审制，所以是建立在情绪公设之上——在我看来就是如今的'甜点抗辩' [②]。"

---

① 根据 2018 年马克龙政府的改革，强奸和抢劫不再由重罪法庭审理，而是由新设立的"大区重罪法庭"判决，有上诉情况除外。

② 甜点抗辩：米尔克遇刺，怀特因此事件被控谋杀，审判期间他的辩护律师以怀特行凶前吃了很多 Twinkie 作为怀特当时已精神失常的证据，但这却被传媒报道成律师说怀特因吃了很多 Twinkie 而导致精神失常，这亦是甜点抗辩（The Twinkie Defense）的由来。——译者注

玛丽继续说："坐在法庭宣誓时，我非常高兴。时间好像突然停止了，我进入了一个气泡，里面还有我不认识的人。大家都有一个目标：审判一个人，判定他是否有罪。"

和玛丽同在法庭上的，还有三名职业法官（一名审判长，两名陪审官），他们是大审法院或上诉法院的法官、检察官、被告和辩护律师，还有受害人及被告的亲属组成的观众。

案件陈述

这是一个什么案件？

"一个年轻女孩指控自己的叔叔强奸。上小学时，有时她由奶奶照顾并睡在奶奶家，当时她的叔叔也住在那里（他当时 22—25 岁，不工作）。小女孩指控他在夜里来到她的床上，猥亵她。小女孩 15 岁上中学后，就不再由奶奶照顾了。但有一天，当她和叔叔单独待在一间正在装修的房子中时，他试图强奸她。随后，他的性欲越来越大，把魔爪又伸向了女孩的妹妹。女孩忍无可忍，终于把事情告诉了父母。在父母的全力支持下，女孩决定起诉。他们很快就遭到全家人的反对，几乎家里的所有人都反对他们起诉。这一大家人都住在同一个街区，女孩一家不得不在诉讼后搬离此地。这是个沉重的故事，令人震惊。"

弗朗索瓦·圣－皮埃尔律师认为，一般来说，作为判案新手的陪审员们一开始都感觉到一种极度的暴力。如他所说："那些人突然去法庭上审判另一个人，当然此人开始是被推定为无罪，但被指控有罪的人多是给社会造成了不幸。从定义上来说，罪行就不是什么光彩的事。说起罪行就会说到强奸和谋杀。持枪抢劫还算'友善'，一般被告受到的指控都是严重的罪行，甚至是非常严重的罪行。我记得一对夫妇虐待一个4岁的女童，罪行非常恶劣。诉讼按惯例还是从案件陈述开始。有一个从没有近距离接触过犯罪的陪审员，被吓得动弹不得。他还算幸运，否则这就可能说明他有精神变态的倾向。所以陪审团最先受到的情绪传染就像当头一棒，好像迎面受到一记重拳。"

诉讼中的情绪

随后专家和证人出庭。

"精神病专家还是很不引人注目。第一位说的都是行话和让人难以理解的技术名词，第二个说的就清楚多了。我听懂了他的分析，可能是因为我年轻时上过心理学的课。但对于大多数陪审员来说，这些分析并没有帮助他们做判断。随后，大家都非常感兴趣地听所有证人的陈述。我感觉小女孩（受害者）比较平静，态度坚决；被告的妻子对我们说自己的老公是个'非常棒的爸爸'，说的也很感人。她外出做保姆时，失业的老公就在家看两个年幼的孩子。听到这里我不禁想：'难道她从没有想过自己不在家的时候，她老公也会强奸自己的女儿吗？'

"但还是受害女孩妈妈的陈述最让我感动。站在证人席上的她非常严肃、端庄、美丽，眼泪滚下她的脸颊。她平静地说：'一个母亲的职责就是保护自己的孩子。但我什么也没看到，什么也没做。'我们用余光看了其他的陪审员，大家都很受触动。"

菲利普·比勒瑞认为："肯定有情绪激动的时刻，情绪占了很大的比重。整个法庭上都能感受到一种强烈的情绪，尤其是当陪审员看到被告犯下的严重罪行导致其他人家庭破碎或被告自己罪有应得时。当受害证据确凿，受害人说出她的遭遇，80%的陪审员都会热泪盈眶，这是公诉时糟糕的地方。"

作为前公设律师，比勒瑞警惕过度情绪化，对这种现象很恼火。他甚至对我说："我个人觉得在法庭上情绪化很不好，因为这是法官在判决前评议时最令人担心的情况。"过于极端的情况可能会严重扰乱客观评判，影响最终的判决。他认为"重要的是永远不要在重罪法庭上煽动情绪，否则陪审员会无法思考，让他们以为多愁善感的人可以处理证据。"重罪法庭上一种不好的趋势就是：受害者一表现出无辜的神态，陪审员就会心软。在陪审员看来，她必然是受害者。但在我看来，只有下了判决书时她才算。从这种意义上来说，陪审员和我都不该过长时间处于一种强烈的情绪下，而不去思考和提问。

团结肩并肩

在审判期间，问题是"口头"向证人和专家提出的，因为"重罪法庭从一开始就是以口头演讲的方式进行，所以是雄辩的艺术。法国从 1791 年以来就沿用这种方式"，弗朗索瓦·圣－皮埃尔律师说，他希望审判能够更加客观。陪审员（和随后进入评议厅的陪审员一样）"都看不到案件的笔录和卷宗。所以他们就只能依靠在庭审时听到的内容进行判断，根据自己听到陈述、辩护词、控诉时产生的情绪和印象判断。"他认为这里面有点儿猫腻。"庭讯时发言机会的分配是完全不平衡的。在法庭上庭长具有权力，他想完全掌控全场，并由他第一个提问。随后是被害人律师发问，然后是首席法官，辩护律师只有在最后才能提问。按照法国的传统，庭长随后命令排在最后的辩护律师提一个之前其他人都没有提过的问题。此时能问的内容已所剩无几，徒增辩护律师的沮丧。您已经明白'谁'来提问，原告或被告提问时他人的理解会不一样，证人或专家的回答可能也会不同，所以对洗耳恭听的陪审员产生的影响也不尽相同。"

"在重罪法庭中，感觉被这种机制压抑着的辩护律师必须真正联合起来，平衡法庭上的情绪。经常会有剧烈的冲突，甚至庭长和辩护律师之间互相鄙视。所以我们经常感觉自己必须要破门而入才能参与庭辩。以埃里克·杜邦 – 莫雷蒂（Éric Dupond–Moretti）或贝尔纳·里佩尔（Bernard Ripert）为首的一些律师同行，选择了一种强硬的方式，采用一种"冲撞车"的战略让其他人听到他们的声音。这种方式很流行，但我并不赞成。他们的目的是要以粗暴、惊人、暴躁、冲突、血腥的方式来达成目的。他们制造的情绪经常是负面的，但影响很大，能在法庭上吸引所有人的注意力。他们'身材魁梧'，说话声音很大，完全和他们建立的职业形象一致——重量级的拳击手。"比勒瑞又评价杜邦说："他是一个很出色的律师，但我一直都批评他。我曾是一位好斗的公设律师，但我也不能像他一样粗鲁。面对这类激进行为，我不能完全丢掉自己在陪审团前作为一名律师的合法性，加入这种街头斗殴。"

与野蛮粗暴的方式相比，弗朗索瓦·圣 – 皮埃尔律师偏爱另一流派更温和的方式，即其导师亨利·雷克勒克（henri leclerc）的看法："那些之前和我在重罪法庭上辩护过的律师，出于一种自然的权威，不会试图制造事端或触犯他人，最后问了所有他们想问的问题"。如现实版的佩里·梅森（Perry Mason）①……

弗朗索瓦·圣 – 皮埃尔认为应该换掉以这类人为首的律师，不能让"少

---

① 佩里·梅森是一位虚构的小说人物，出自作者厄尔·斯坦利·加德纳所著的侦探小说《梅森探案集》，他在书中是一位律师，擅长审判看似不合情理的案件。他以出色的审判技能，经常让人不知不觉地承认自己的罪过。——译者注

数人伪装成压倒性的大多数。也就是说未来重罪法庭的律师不能模仿现在重罪法庭的这些头面律师。我认为要重新规定法庭上表达情绪的行为准则，情绪的表达要更温柔。庭长也要接受才行。然而很多庭长完全没有准备放弃和辩护律师的角力。这是一种对抗，所以强者胜，这一切是毫无价值的"。

剧情反转

在审判过程中，有时会发生剧情的反转，影响所有人的情绪，于是角色重新分配。弗朗索瓦·圣-皮埃尔在阿格尼莱特案中就经历了一次剧情反转，给他留下了深刻的印象。他对我们说：

"我是莫里斯·阿格尼莱特（Maurice Agnelet）的律师，他被指控谋杀了地中海宫的继承人阿涅斯·勒鲁（Agnès Le Roux）。此案很荒诞，简单地追溯一下历史就能知道，对阿格尼莱特的指控于 1986 年被撤销，随后尼斯的一个重罪法庭宣布其无罪。次年，他又在艾克斯^①被定罪。最高法院驳回了我的上诉，所以我去了欧洲人权法院。我赞赏法院的公正裁决，我胜诉。2014 年，案件在雷恩再次受审。阿格尼莱特是位老先生，至少前前后后的庭长们认为，阿格尼莱特在法庭上会深受折磨。法庭里的紧张氛围、悔恨与罪恶、加在他身上的罪行都让他痛苦，所以他的举止和态度奇怪。于是他的否认被认为是拒绝审判的表现。也许是如此，但在我看来这并不是证据。

"在雷恩的审判如期进行。阿格尼莱特非常有攻击性，让陪审团完全不能容忍。但我还是认为他有可能被无罪释放，因为并没有犯罪现场。案件的审理进入第三周，人们开始互相熟悉，感觉到身心疲惫。有紧张、情绪激动，

---

① 艾克斯（Aix-en-Provence）是普罗旺斯的前首府。——译者注

也有平淡乏味的时刻。在此背景下，阿格尼莱特的儿子纪尧姆出现在证人席上，揭发了引起轰动的事："父亲告诉我和弟弟，他就是罪魁祸首，我妈妈给我讲过事情的经过。"

"我可以说就在此时，整个法庭里完全被情绪和主观性占据了。大家对我避之不及，好像在说：'你从一开始就欺骗了我们。'我感觉到漫长的孤独时刻，必须尽快打破这种局面。我于是发言，因为我必须要抗议，解释我并不知情。作为证据，纪尧姆在前两次审判时是与父亲站在一边的。我怎么能想到身边的这个人，之前本来支持自己父亲是无辜的，现在又来说父亲其实有罪？

"随后纪尧姆的母亲，阿格尼莱特的前妻为他的无辜做证，我很清楚庭长并不相信她。他已经被说服了，还沉浸在纪尧姆激动人心的证词里。所有人都情绪激动，这个家庭的秘密让整个重罪法庭都感受到了极其强烈的情绪，像海啸一样淹没了事实：没有 DNA 的证据、没有一个目击者，也没有任何确凿的证据。"

辩护律师的辩护词

玛丽说起审判的最后阶段："最后由辩护律师在被告说话前发言，我感觉好像是在剧场里看一个演员背他的台词。我很佩服他的工作，因为前两天审判中所有的问题和回答都被环环相扣地联系起来。他直盯着我们的眼睛，别人很难和他对视，抵抗他的说服力。他认为没有任何实物证据，且犯罪行为发生在女孩上小学的时候。他还推定受害人按时上学，没有挂科，在案件审判时正在进行高级技师证书（BTS）阶段的学习，并不能让人看出她受过什么创伤。所以这又是抗辩。我觉得此时我已有了判断，他也不能改变我。"

弗朗索瓦·圣-皮埃尔律师认为，"辩护不应该是背诵已经写好的讲稿。比如在莫里斯·阿格尼莱特的案件中，在其儿子陈述后发言是很困难的。当我辩护时，法庭上情绪激愤，我要求宣判阿格尼莱特无罪。我对陪审团说纪尧姆在编故事，尽管故事编得真诚，但他不是谋杀的直接目击者。他对谋杀勒鲁女士过程的描述和我掌握的确凿证据不相符。但在此时，我看到庭长也不怎么能听进去我的辩护词了，我得重新组织语言。在讲话时，时刻注意听众的反应并调整用词和语调，把听众的注意力重新拉回来，这点很重要。所以我放弃了之前在说的话，很快转换了主题。要是把当时说的话写下来，很有可能会显得生硬，甚至是混乱。我的辩护词和努力却不足以扭转局势。已经太难了，陪审团主意已定，我的委托人已经被定了罪。辩护词说完后，我从未对自己的表现满意过，即便记者们都觉得很好，我还是觉得应该换种方式说"。

比勒瑞也不会提前写好他"充满思想、疑问、不确定性和情绪"的起诉书。"坦率地讲，显然在某些案件中，我在脑中特别构思了结论，想好在讲话的哪些部分我希望用情绪感染听众。我记得有一起刑事案件，一个人几乎把他全家都杀光了，除了一个躲进壁橱的小女孩幸免于难。我故意用道格拉斯·塞克（Douglas Sirk）的电影一样的方式，真实又夸张地表演了一场情节剧。但我一直都真诚地发言，大多数时候是我自己现身说法。因此我从未试图让陪审员和庭长感染我自己都没感受到的情绪，无论是怀疑、恐惧、愤怒或沮丧。有了这样的想法，在公诉时，我不会考虑最终判决的结果，而是活在当下。我想要的是说服，用有深度的陈述尽可能地表达我的感受和想法。

"当然，我会使用一些修辞手法和各种论据。我也能看出哪个陪审员没有认真听，或是一副傻样、莫名其妙，令我恼火。但我再尽力集中精力陈述发言，相信自己可以说服他们。这么想非常虚荣，但我必须保持忠于自我，他人才有可能被我的情绪感染，被'说服'。最后我想说，我在陈述起诉词时努力用情绪灌溉智慧，而不是让智慧被情绪控制。"

评议

商议的时刻是严肃的，已不可能逆转局势和逃避责任。

玛丽说："其中一位陪审员向我们解释了投票认定被告有罪与否会造成的结果，被告可能会被处以哪些刑罚。两个小时后，气氛变得沉重。在我们的评议偏离主题时，无处不在的庭长会把话题拉回来。我也不能说此时是否有情绪传染，但我感觉到庭长是支持给被告定罪的。我想这也更坚定了我自己的判断。"

弗朗索瓦·圣－皮埃尔律师认为，在评议室的私密空间里一切都可能发生。"庭长在主持评议后将做出判决。在案件审理开始到结束的整个过程中，他会专横地控制一切，能影响其他人的意见。"

他继续说："在案件审理的最后，庭长和 2 名陪审官或 6 名陪审员（取决于一个是初审还是上诉）离开，进入另一个房间，也就是评议室。顾名思义，评议室是他们要进行评议的地方。不可思议的是，法律上没有规定任何评议程序，一切都取决于权力很大的庭长，评议室成了发泄的地方。很多法官告诉我说，如果某人被判刑或无罪释放，那是因为一个在庭审时没有被任何一方支持或讨论过的论点，不知从哪里冒了出来，在辩论陷于僵局时，一个陪审员开始说'尽管……'见证这种案件大反转也是非同寻常的经历。鉴于庭长和陪审员面对面，都在一间很小的房间里，所以庭长能引导陪审员的情绪，尤其引导他们对案件的评估。很多人对权威的庭长有着完全的信任，任由自己被操纵。不过有进步的是，法官需要写出评议动机，如此必然更加客观。"

判决

玛丽紧张忙碌的陪审员体验，终于快要结束了。"我们进行了第一轮不记名投票，通过大多数投票结果决定被告是否有罪，随后我们投票决定刑期及量刑种类。我们判决被告有罪，缓期两年，必须接受心理治疗。我相信自己的判断。当庭长宣读判决书时，我看到受害人开始有些怀疑，过了一段时间她反应过来，随后泪如雨下。辩护律师无法理解，看着我们摇头说'不'；看他的样子确实是非常憎恶判决结果。"

当辩护律师败诉时，接受失败是困难的，尽管他们非常清楚，90%的刑事案件都以定罪告终。"所以辩护律师总是失败，虽说一切都取决于大家如何定义失败。"弗朗索瓦·圣-皮埃尔对我说，"当你在尼斯胜诉，一年后又在艾克斯败诉，这在心理上是很难接受的，没有人会对此无动于衷。即便随着时间的流逝，经验的积累，防御的铠甲会越来越厚。所以很长时间以来，我都拒绝忍受陪审员和法官强加于我的判决结果。法官的判决属于法官，由法官负责。我负责辩护，只对我的委托人负责，但最终做决定的并不是我。我把事情分开来看，保持冷静。"

案件审理结束后

玛丽说，她和丈夫聊了聊案件审理的情况，作为此次陪审经历的"报告"。"两三个星期后，我还是会想起此案，后来记忆逐渐模糊。9年后，我忘了案件中涉及的名字和日期，但我永远不会忘记那些面孔。那位母亲的证词、目光和声音会永远刻在我的记忆中。我没有做噩梦，也没有受到创伤。两天的陪审工作非常紧张，但很有意义。情绪传染的影响永远无法完全消除，但如果要我再做一次陪审员，我还会去的！"

弗朗索瓦·圣-皮埃尔认为："一般来说，陪审员是从未踏足过重罪法庭的人，陪审经历让他们印象深刻。根据每个人的经历，他们事后发表的感想也不尽相同。有些人觉得这真是一次非凡的体验，但对于另一些人来说，这给他们带来了内心的冲突。对于最不幸的那些人来说，这是一次非常糟糕的体验。他们说：'我承担了本不属于我的责任，我因此苦恼，'等等。这类经历会对心理造成影响。陪审员并不具备犯罪专家的职业心理和精神。"

那么对于"犯罪专家"来说，他们从事这种职业会受到什么样的情绪影响？弗朗索瓦·圣-皮埃尔认为："如亨利·雷克勒克所说，这首先只是一个职业，的确会影响心理，但会让你完全像精神分裂症患者一样，把职业和个人生活区分开来。这样能大幅减轻受到的情绪影响。我虽不喜欢用外科医生手术时的图景这一类的打比方，但我觉得罪犯专家就像是一个外科医生。对他们来说，给病人截肢是很困难的，但他们还是会保持冷静去做截肢手术。"

这个比喻让我想到了与之直接相关的一个小故事。索菲是一名医生，在里昂的急诊室工作。一天晚上，一位惊慌的年轻母亲把自己四岁的女儿带到急诊室。小女孩在浴缸里被发现时已没有了生命迹象。她的女儿被淹死了，但急诊室里没有人觉得自己能去宣布这个消息，甚至心理医生也不愿去。最后还是索菲告诉了女孩的母亲，在说出残酷的事实时她没有崩溃，声音也没有泄气，抱着绝望的母亲，给她带来一点儿温暖。索菲身上穿的白大褂代表着安全和保护，如果说她也哭成个泪人儿，想象一下（情绪传染）会对女孩的母亲有多大影响。她作为一名医生要保持一定的职业姿态，而这对索菲来说并非易事。要知道索菲有三个孩子，是位体贴入微的母亲。她极其敏感，看什么浪漫喜剧片都会热泪盈眶。但在此处我们发现"精神分裂"的一面起到了保护盾的作用。从心理角度来说，能长期保持这样的职业姿态吗？一些研究表明这很难：当从事"接触"性职业（比如医生、护理人员或律师）时，过于敏感可能会导致心理疲劳，直接导致职业倦怠。过多的同情心会杀死同情心。

关于从事此类职业的情绪风险，比勒瑞提到了他职业生涯中最受不了、最令人沮丧的蛮帮案件（也被称为伊兰·阿利米案件）。"此案中，我必须为每一次辩论而战。四十年的从业经历让我学会了怼人的艺术，只有一个律师我再也不想和他庭辩，那就是优素福·弗法纳（Youssouf Fofana）的辩护律师斯皮纳。我的对面就是想法愚蠢的弗法纳，但我还是把他和所有其他被告一视同仁。此案之所以让我难以忍受之处是：一部分讨厌我的原告每天都对我进行背后攻击（比如斯皮纳在《新观察家》报上对比勒瑞进行的猛烈攻击）。尽管我们互相厌恶，但我表现出的比较少。被攻击让我受到了影响，但最终并没有情绪严重失衡。我觉得自己并不是一个'无情的人'（从情绪上来说），只是我想在每次诉讼后，保持清醒。我客观评价自己和我在法庭上的宣誓，客观看待自己做得好和没做好的事情，这在某种程度上抑制了可能令人不快的消极情绪，理智地平息情绪。"

质疑的律师

为了继续我的研究，我与法布里斯·爱泼斯坦（Fabrice Epstein）[1] 律师保持了一年半的邮件和电话往来。被媒体称为"质疑的律师"的他同意详细讲述令他也深受震动的一个案件。爱泼斯坦作为纳粹集中营幸存者的孙子，

---

[1] 他著有《以种族大屠杀为例》一书，由 Le Cerf 出版社于 2019 年出版。

要为卢旺达特勤局的前官员帕斯卡尔·希姆比康瓦（Pascal Simbikangwa）辩护。希姆比康瓦因被指控参与卢旺达种族大屠杀而在法国受审。1994 年，卢旺达大屠杀中有 80 万人遇难，其中主要是图西族人。我们可以想象这场大屠杀在卢旺达及其周边国家造成的动荡。

"希姆比康瓦案是邪恶的，和他个人有关，也和我们所有人有关。因为在巴黎重罪法庭，法国人民准备审判最严重的罪行：政治和智能犯罪。种族大屠杀的罪行是不受诉讼时效约束的，当然审判时会有人流泪、抽泣，会让人想到鲜血的味道、万人坑、死亡。我们所有人最后都会化为乌有。

"我情绪压抑。该动身去重罪法庭了，去这个审判罪行的封闭场所。6 周时间里，专家、教授、心理学家、证人、法国人和外国人、市民，当然还有被告都会在这里来来去去，而我的注意力都要集中在案件上。这个案子是我的案子。重罪法庭会吸引你；更糟糕的是，它会俘获你。这是一个案件，更是一段历史。这是第一次在法国审理一个种族大屠杀罪犯，也是法国人民第一次审判一位卢旺达被告，他被指控参与了图西族人的屠杀，提供了武器和（或）下达了命令。

"2014 年 2 月 4 日，星期二，是听证会的第一天，我起得很早。我肚子痛，吐了。和遗传做斗争真是非常难！在一个重大案件中为一个重要的被告人辩护，会感觉自己很渺小。7 年的精神分析思考不会是无用功。奇谈怪论常常是幻象，所以要去面对。首先要面对的是记者，他们会说什么，但他们也说不出多少有价值的东西，总是想插科打诨。围追堵截、断章取义、弄虚作假的媒体，完全不信任我。新手总是谨慎的，但不要颤抖，而要抬起头，调整情绪，然后面对公众的审判，尽管被告应该被假设无罪。公开审判的矛盾之处在于公众根据衡平法判决，法庭根据法律判决。我之前就知道，公众讨厌被告和我，甚至否认被告只是'种族谋杀嫌疑人'的身份。最后在法庭上（在此阶段有三位职业法官，即庭长和两位陪审官），还要尊敬严肃地对待法官。说实话，在能享受生活时，只有精神错乱的人才会来法庭上审判他人。一会儿，情绪就充满了整个法庭……情绪将传染、蔓延。"

情绪发挥力量的地方

"刑事审判在三号厅。三号厅不怎么好看，现代风格，没有重罪法庭的气派。房间里没有侧窗，只有水平打开的小窗，让人隐约想到一口天井。镜头可能会捕捉到一个即将上演的奇怪表演，写下随后的笔录。重罪法庭是情绪发挥力量的地方，也就是说情绪和力量是密不可分的。和所有的力量一样，情绪的力量首先是自上而下的传播。

"法庭由一名身披红袍的庭长、两名陪审官和 6 名大众陪审员（随机抽选）组成。在其右边等高的地方是原告席，其中有一名公设律师和一名检察官助理。辩护律师和原告面对法庭。被告在一个玻璃笼子里，坐在一个有滑轮的小椅子上，位于其律师身后。当他说话时，陪审员几乎看不到他。庭辩还没开始。

"让新手律师受到打击的首先是法庭的布局。就像在博物馆里一样，作品摆放的布局都是精心设计的，经常能很好地弥补展品的平庸。把被告关进律师身后的玻璃笼，让人几乎看不到。被告面对着居高临下的检察官，司法机构（由重罪法庭庭长为代表）对被告永远有最终发言权，就像监狱决定着狱卒的命运一样。庭长有权力，能左右人的身心，刑法程序并未掩盖这一点。《刑法》第 309 条规定，庭长可以支配法警，指挥庭辩。他可以对公众施用权力，让所有人离开法庭，维持秩序的法警听从他的指挥。他可以对诉讼当事人施用权力：打断被告及其律师的发言。该条款中还赋予庭长权力，他可以'拒绝一切可能会损害庭长尊严的行为，或延期判决且不给当事人获得肯定判决结果的希望'。

"重罪法庭中庭长的权力经常受到法律专业人士的争议（比如弗朗索瓦·圣-皮埃尔律师的概述）。但在这里并不是要谴责重罪法庭的庭长，也不是批评坐在他身旁的职业法官，而是要指出在希姆比康瓦这样的政治审判中，预期过于强烈，庭长也只能把庭辩引向被告有罪的方向。从这时起，当情绪对被告有利时就控制，当情绪不利于被告时就传播，还有什么比这更容易？在重罪法庭的仪式上，我们也能发现情绪发挥的力量。

"一切都被仪式化、程序化：进出法庭、暂停审理、庭长和公设律师身着隆重的法袍（两个人都穿着红袍，说明二者相近？），庭上发言等。仪式变成了翻来覆去的老一套。听，庭长又让证人们做着同样的宣誓，他邀请所有出庭人入座，总是同一个语气：'请入座，庭审开始'，'先生，法庭请您陈述证词'。这些话就像情绪的力量奏出的刺耳音符，刻在了我们的心里和身体上。

"显然辩护律师一开始就处于不平衡的位置上。他就像一个在法国身无分文却想获得财产的人。没有担保，银行是不会借给他钱的。所以只能去赌博，把赌场的钱都赢来。局面是会反转的，这便是情绪传染的力量。因为即便情绪会被重罪法庭庭长控制（一小部分也会受到原告的控制，随后我们会提到），也会由一个人传到另一个人身上。经常出入重罪法庭的人都会对你说：情绪可能从一个极端走到另一个极端。陪审员的肯定会变成怀疑，最终有罪也可能变成无罪。

"只要微不足道的东西：一阵咳嗽、鞋里的一颗砂砾、指尖点燃的一根火柴，唰的一下，情绪就变了，情绪就乱了。所以辩护律师在提出或反驳一个论据时也会产生同样的效果。情绪是个秋千，拉起就会荡向人希望的方向。

人群的流动不是也能用情绪传染来解释吗？在所有被赋予了某种功能的封闭空间内，在电影院、教堂，情绪会让观众激动，出现戏剧性的变化。有一件事是肯定的，在我要辩护的这个案子中，要发起一场情绪战，然后打赢它。"

明显的紧张局面

"在这场战斗中，公众和媒体都扮演着重要角色。我每天早上快 9 点时，在开庭前几分钟抵达，然后整个屋里的人都打量着我。他们认为我是委托人的走狗，我是没有被拘禁的希姆比康瓦，这是不能被接受的。虽然旁听的观众各不相同，其中有'受害者'、协会、卢旺达问题专家、好奇的人，但他们的想法却都一样：希姆比康瓦是罪魁祸首，他的巧辩、言论、手势都是在否认大屠杀，是一个反人类的罪犯。公众毫无理由地认为希姆比康瓦本质就是反人类的刽子手。从那时起，所有人就统一了行动，一直怒气冲天。

"当我开始说话时，我感觉其他人就被激怒了：'他真傲慢啊'，'真是胆大包天'，'夸大其词'。公众就在我的后面，给我很大的压力。我表达自己观点时所遇到的困难和感觉到的仇恨成正比。案件审理才刚刚开始，我还没有占据优势。受到情绪的传染，一个出身良好的人（我想她可能是一位高等社会科学院校的教授）说我过分了。怎么过分？她说我不体面。我问一个证人好几遍同样的问题，我很肯定自己的做法。当我问他第三遍的时候，他给出了一个不同的答案，我知道他在撒谎。

"于是，明显的紧张局面让有文化的人都无法分辨庭审（一个人的无辜和证据的真实性）和大规模的种族屠杀中是什么在起作用。于是我明白公众是脆弱的、左右摇摆的、可以攻克收买的。如果法庭里的人都用仇恨的眼神看着我，我就会在一些人的眼中看到他们的怒火，如果情绪这么容易就能占上风，我要好好利用。我要在法庭上试验一把，让大家的情绪跟着我走，证明他们之前的斩钉截铁都是先入之见。"

最终确信

"我已经说过，将希姆比康瓦移交重罪法庭是基于一系列的证据。在法庭上，审判他是否涉嫌参与了有组织的大屠杀。屠杀的地点在吉塞尼（位于卢旺达北部，也是被告的故乡）和基加利，目的是清除图西族。预审时，希姆比康瓦面对很多证人，有近 100 名。很多时候，证人重复做证。也就是说他们在其他的案件中做了证，在其他的国内和国际法庭上做了证……他们的证词被写入案件卷宗中。很多人撒谎，这是不应该的！而且，也不能根据空口无凭的说辞和不确凿的证据就给一个人定罪。从 18 世纪开始，法国的司法体系就规定了自由心证制度 ①，也就是说，只有在完全肯定嫌疑人有罪后才能定罪。但在希姆比康瓦案中，只有不确定。

"我是案件的参与者。情绪被传播，这是种物理现象，我决定专戳痛点。我接近每一个证人，仔细打量他们，与之擦肩而过，提出质疑。因为几乎所有人都不说法语，必须要借助一位翻译，我提出简短的问题，要求他们快速回答。我试探着，快速提问。我记下每一个答案，随后再印证。我让证人说出自相矛盾的话。我让他们转身朝向我，好让观众能看到他们的脸。陪审员

---

① 自由心证制度（intime conviction）是指证据的取舍及证明力，由法官或陪审团根据自己的理性和良心自由判断，形成确信并以此认定案情的一种证据制度。1808 年《法兰西刑事诉讼法典》规定了这一制度，"你们是真诚地确信吗"是该法典第 342 条为法官规定的自由心证经典公式。——译者注

理解了。尽管经过了翻译，但我的问题都是非常短的封闭式问题，回答是或否。卢旺达人转弯抹角地回答着问题，不置可否。正合我意，他们的语言、动作、态度都开始表现得不确定。我要让大家看看他们脸上写着的不确定，当然是要让陪审员看到。陪审员们怀疑地皱起眉头。几周以后，我发现了证人们惯用的伎俩，每次证人陈述都是传播一种新的情绪。

"好了，我抓到了一个证人。我拿出笔录，让他承认今天他针对被告所说的证词和他 2008 年在阿鲁沙为另一个被告做证时说的话一模一样，每次他都证明被告有同样的罪名。我用同样的语气，看着大家，想要传播不确定的情绪。检察官很愤怒，指责我向证人施压。我请他也像我一样，从高高在上的位置走下来，走近证人，而他说我太傲慢。他在公诉中提到了抢劫案中会用到的盘诘技巧。'亲爱的朋友，证据才是伪证的解药。'而你没有！

"我坐了下来，大家都看着我。庭审暂停，情绪就像禁锢套一样，阴郁……天空低沉。如果庭审在这个证人做证完结束，我们本来会赢的。"

证人的真实性

"新闻媒体总是见风使舵，急切地想从走出法庭的人口中套出只言片语。情绪到达了第一层，从相反的方向，自下而上流动。庭审继续，人们用语言、书籍、有条理的想法判案。这是媒体的问题，特别是那些起诉方和原告希望可以在希姆比康瓦身上大作文章。

"1992 年，卢旺达媒体被解禁，这有利有弊。原告剪下报纸非常不清楚的复印件，仿制攻击图西族的文章。原告提出希姆比康瓦可能是受指控的一篇文章的作者，该文章的署名作者有一个和被告相近的笔名。更糟糕的是，他们还想把报纸《不屈不挠的伊奇纳尼》的出版也归罪于希姆比康瓦，而任何一方在预审时都没有提到过这份报纸。

"被告表示否认。在事先没有证实文章真实性的前提下，文章无法作为证据。而《不屈不挠的伊奇纳尼》报就像尼斯湖水怪[①]。情绪很强烈，因为每一个被从垃圾箱里翻出来的新证据、新线索，似乎都成了原告的证据和传播情绪的媒介。来了一个又一个专家，他们都习惯性地拿卢旺达种族大屠杀和东欧犹太人大屠杀作比较。我无法掩饰自己的犹太人血统，我的一部分家人在奥斯威辛集中营遇难，这个话题很敏感。说到书的时候，我笑不出来了。说到纳粹对犹太人的大屠杀，我更加难受。情绪强烈到让人想反抗。

"关于文章的问题（法庭将拒绝接受原告杜撰出的、来源不明的、未经翻译的文章），我们争论是否真的存在《不屈不挠的伊奇纳尼》报。让－弗朗索瓦·杜帕奎尔（Jean-François Dupaquier）站了出来。他是一位在庭的业余记者，毕业于政治学院（对于对他非常了解或一无所知的人来说，这都是最少的信息），与让－皮埃尔·克雷蒂安（Jean-Pierre Chrétien）走得比较近。一个扭转局面之人，他有两份原版的《不屈不挠的伊奇纳尼》报。法官决定运用自由裁量权，听杜帕奎尔讲话。他没有宣誓做证，但他必须说实话。希姆比康瓦案也是学者们不戴面具的舞会。

"杜帕奎尔的意外介入引得大家议论纷纷。他走下前来，骄傲地站在麦克风前。不管怎么说，该他说话了，我们都看着他。尽管检察官或被告并没有传唤他，但他找到了谈论自己的机会。他对法庭说自己作为无国界记者，卢旺达媒体专家，曾经收藏过原版的《不屈不挠的伊奇纳尼》报，但现在报

---

① 20 世纪 30 年代，一名伦敦的外科医生肯尼思·威尔逊宣称在尼斯湖拍到一张有着长颈蛇头怪物的照片，从此，威尼斯湖水怪声名鹊起。这张照片被广为流传，很长一段时间以后，才被证实其实是个恶作剧。——译者注

纸只有副本。庭长问：'狮子模仿狮子变成猴，副本怎么可信？'原告也向记者提出了问题，随后由被告发言，杜帕奎尔记者的重大秘密被揭穿。原告在案件提交巴黎预审法官时就了解这位记者，为什么今天他才把报纸拿出来给陪审员看？报纸没有经过鉴定，也没有翻译件。

"我决定直接质疑他，他那外省记者的态度让我厌烦。'杜帕奎尔先生，您怎么能向我们证明这些报纸不是假的呢？'　'它们是真的，因为我曾亲手拿过。'他要求我们凭空相信他，这对一个记者来说简直无法容忍。问题是我也不相信他。难道一个人的假设就能保证他所说内容的真实性？特别是在法国的法庭上，提起卢旺达就会引起激烈的争辩。只要能将被告人的罪行公之于众，什么手段都可以用。

"他感觉到了我的怀疑，问我是不是不相信他，我点头。他看着我，对我说了下面的话，我永远不能忘记：'我感觉自己就像那些奥斯威辛集中营的幸存者，被安置在鲁特西亚酒店，没人相信他们。'我的血液都凝固了，我对着他大吼：'你真是个浑蛋，竟然和一个集中营幸存者的孙子说这些！'

"我怒吼时，情绪传染开来，我的离席让在场的所有人都像被鞭子抽了一下。庭审进入了这一阶段，我无法压抑自己的情绪。再说，这真的是我的情绪吗？如果原告以直接或间接的方式代表卢旺达种族大屠杀的受害者发言，那我代表父亲的家族发言。他们被语言支配的野蛮人类推向万人坑深渊的边缘。吸气，呼气，控诉，辩白。庭长休庭，杜帕奎尔撒了谎，我满身是汗。'只有疾病会通过接触传染，没有什么美好的东西会通过接触传播。'安德烈·纪德如此评价接触，此外，纪德也在重罪法庭上当过陪审员。"

情绪陷阱

"案件审理最后，情绪占了上风，没有论据的原告知道情绪的力量。他们利用政治、种族，打悲情牌。我提醒陪审员：'他们没有说，因为在这里他们想用情绪感染你们，让你们深陷情绪不能自拔。一切都是为了让你们被情绪淹没，情绪会让人瘫痪……但如奥斯卡·王尔德所说：情绪主要的功劳就是让我们误入歧途。情绪就是他们为你们设置的陷阱。'

"2014 年 3 月 13 日早晨，我的女同事亚历山德拉·布尔吉（Alexandra Bourget）撼动了陪审员，用她巧妙的语言征服了他们，将其引入了她的论证思路。陪审员们被她说服，她也很激动。职业法官没有表示反对。

"我感觉到紧张，几个小时后我要发言。我不会吃东西，但空腹我也肯定会吐。我知道一切皆有可能，几句话就能打动人心，改变他们的想法。不能让紧张的局面放松，这是基本的规律，是辩护的基础。每个词语、句子，抑扬顿挫，都是为了说服，我想要用某个特别的姿势传达我的情绪。我在一段历史中长大，长久以来想要一分为二地看待这段历史。为希姆比康瓦辩护时，我面对了这段历史，我们的历史，我的历史。我所处的立场让人难以忍受，可以把人逼成精神分裂，但也能让人发泄情绪，为希姆比康瓦案辩护是不可能之事，但也不可能不去辩护。事实上，即便希姆比康瓦负有道德责任，但根据《刑法典》，他是无辜的。我们在任何情况下都无法证明他参与了大屠杀，没有任何确凿的证据可以给他定罪。证词不一致，证人不可信。这并不是被告的粉饰或夸大其词，而是检察官东拼西凑想要说服陪审团。检察官的情绪就是误导大家的情绪。而我想要散播的情绪，不是要让陪审团产生负罪感，让他们容易落泪，呼吁他们记住受害者（并不是非得给被告定罪，受害者才能安息）。不，我的情绪是质疑、辩论的能力，是提出并分析犹太族和世界性问题的能力。此时此刻在此地，我不想是唯一一个向自己提问的人，陪审员们知道这点。一个半月后，他们已经非常了解我。我想把我的一切感受都传递给他们，我还想做得更多，给他们打上情绪传染的预防针。"

用情绪传染一个人

"'律师，请您发言。'我用了几秒钟时间，情绪就蔓延开来，真是奇迹。词语的使用方式可以完全相同，也可以完全不同。路易－费迪南·塞利纳（Louis-Ferdinand Céline）[①] 说：'先有情绪，而不是动词'。我的心脏怦怦跳，眼睛环顾大厅，扫过陪审员的脸庞。我想用他们的眼睛、耳朵、仁慈或仇恨来审视此案。

"我希望我们朝着相同的方向看，我想要求你们将被告无罪释放。检察官要你们判他无期徒刑，我的要求完全相反。所以请听我说，这是一段历史，是一次审判，这就是生活，是我的生活，你的生活，我们的生活。这是我们的声音……我说了近两个半小时，情绪是有传染性的。

"情绪在我的惊人之语中。我把矛头指向国家，说国家是一个想要投资回报的股东。国家布设了一个屠杀点，围捕卢旺达'种族屠杀分子'。所以

---

① 路易－费迪南·塞利纳（1894—1961），法国小说家、医生，真名路易－费迪南·戴都什。生于上塞纳省。当过商店学徒，第一次世界大战时入伍受伤。战后入大学攻读医科，毕业后参加国际联盟医疗调查工作。1928 年在巴黎郊区市立医院工作，同时写作他的代表作《茫茫黑夜漫游》。他笔下的人物，多是在忧患困顿的人生征途上因战争、贫困、恶俗、偏见、色情、疾病而扭曲的形象。在那变动空前、万花缭乱的时代，他以夸张的手法抨击人与人之间炎凉冷酷的关系，从既成秩序、传统文化、伦理道德到生活习惯、饮食起居，无一不是他彻底否定和无情鞭挞的对象。这部小说在 1932 年出版时震动法国文坛，获雷诺多文学奖。——译者注

需要给一个人定罪，以儆效尤。检方的那套如同沙子建的城堡，被我击破。我抓住了他们起诉书里的弱点，他们又抓住了我辩护词里的薄弱之处。我不想再停下来，我尤其想要谈论的是疑点，对被告有利的疑点，这也是自由心证制度的必然。我的演讲发挥了作用，它是我精心策划的情绪传染，语言也会引发行动。在本案中存在明显的可疑之处，质疑让人焦躁，让人紧张到咬手指甲……甚至忧心忡忡。

"一位直到目前一直是候补陪审员 ① 的女士，啃着手指甲。她的身体动作体现了她的质疑，以现实，甚至超现实的方式表现出来。指甲，属于我们的这块小肉，被啃坏，成了焦虑的牺牲品。情绪就像血液一样在身体里流动，我寻找着她的深呼吸，那就是情绪传染。我看着这位陪审员，希望她能把质疑的情绪传染给其他人。我猛烈地回击，说服我的对手。就像在拳击场上一样，现在是出拳的时候。我提出一系列无情的质疑：'当法院需要夸大其词，想要找到一个符合其强加罪名的罪犯，需要精神病医生将被告和之前的例子作比较时，那是因为法院在质疑。'我对陪审员造成的影响更大。按照重罪法庭的惯例，陪审员会让情绪变得有传染性。这是一种重复，也是陪审员需要完成的审案职责。我请他们回到这个法庭时不要低着头或'为自己做过的决定而耻辱，就像一个少年在把父母介绍给自己的朋友时而感到羞耻'。

"情绪传染也尤其会出现在评议阶段。因为法庭的决定是集体性的，是个体决定的集合。在重罪法庭上，所有陪审员都要给出是或否的回答。我知道在评议室，他们会互相观望、投票、改变自己的想法。他们首先会讨论，一个陪审员的情绪可能会传染其他人。如果我传染了一个人，他们可能都会

---

① 她参加庭辩已经有一个多月了；但作为替补陪审员，她无法参加审议，因此无法决定是否给希姆比康瓦定罪；一个正式陪审员给了她沉重的审判负担。

为被告无罪投票。"

"我利用感官和身体来说服陪审员：'如果你们决定给此人定罪，请看着他的眼睛说有足够的证据让你们这么做……如果并非证据确凿，就要让他恢复自由。'同时也利用启蒙思想，所以我才让陪审员起来反抗。我希望陪审员和职业法官们在评议室里产生冲突，希望他们拒不服从，让违抗的情绪蔓延，愤怒才会带来自由。我知道要得出评议结果，陪审团正等待着最终的决定。我在出汗，我的内心在流血。这流血的伤口和裂缝，就是我想要传染给陪审员的情绪。我不能再说话了。

"我把辩护词里的每一句话都写了下来，最后一句是俄国作家索尔仁尼琴的话。我的祖父出生在白俄罗斯，有人说我和他长得像。也许我继承了他的一部分灵魂。我最早读过的是索尔仁尼琴的书，其中最引人注意的、最有力的是一篇题为《勇气的衰落》的演讲。作家索尔仁尼琴在流亡时，在哈佛的宠儿们面前讲了这篇演讲，其中有一句说：'除了不断向上之外，人没有别的出路。'勇气是可以传染的，为了使希姆比康瓦无罪释放，就需要有勇气！于是我模仿索尔仁尼琴的句子说：'除了不断向上之外，请你们不要再有其他的目标，你们将会无罪释放希姆比康瓦。'

"结束了。我很冷、很饿、缺少睡眠。我站不起来了，我看着大厅，没有一点儿声音。公众、记者、陪审员都好奇地看着我，所有人都显得很困惑。

"我走出法庭，我明白是恐惧占据了我的心，那是一种非常自然的感觉。一位女士走到我身边，毫不客气地对我说：'听了你的辩护词，我担心希姆比康瓦会被无罪释放。'如果这'小个子'① 是对的呢？如果情绪要求我们将他无罪释放，而不是扑倒他，集体冲动地杀掉他？

---

① 这是希姆比康瓦给我起的外号。

"重罪法庭里情绪传播的速度有多快？我说了两个半小时。看手表时，时针已转了一圈，但我以为只过了十分钟。被告人最后陈述，庭长提醒陪审团宣誓，这是最后的仪式。随后法官和陪审员离开进行评议。"

正义与道德

"判决结果公布，希姆比康瓦被判处 25 年徒刑。旁听席的观众起立，希姆比康瓦案落下帷幕，权杖被收了起来。情绪离开了重罪法庭，又去征服轻罪法庭。带头的是记者，他们要交稿，报纸的广告位也要卖出去。他们控制了情绪传染，情绪无所不在。情绪写在离开法庭的人群脸上，他们就像做成了一笔买卖的销售员，记者们拦住了原告。一个司法判决是一种解脱，疏导了情绪，却无法将它掩盖。

"遭受这样的判决，就像喝下一瓶硫酸。恐惧让人做出糟糕的选择。陪审员们，我已经和你们说过了，不要再害怕自己的恐惧。巴黎重罪法庭做出的有罪判决是连被告的眼睛都没有看就做出的决定。停吧。

"我沿着走廊走到法院的入口。你说的是公正之所？也许是公平之所，但不是公正之所，当然是从道德上来说。所以把公正之门给我关上！要是这条走廊是'情绪传染隔离舱'就好了？今晚我想一个人好好睡一觉，摆脱诉讼案，摆脱该隐[①]的眼睛。"

---

① 该隐（Cain）是《圣经·旧约》创世纪篇章中的人物。杀亲者，是世界上所有恶人的祖先。——译者注

生活在维苏威活火山旁

"时间过去了。我恢复正常生活了吗？！我不再去重罪法庭了。这是我唯一确定的事。法院的评议让我从庄严的重罪法庭中解脱出来，而法庭掩盖着一个恐怖的事实：给一个人定罪，竟然是基于一种廉价的情绪——恐惧。占上风的是原告、公众和媒体的情绪，而不是我想传播的情绪。司法三段论：种族灭绝分子应该被定罪，希姆比康瓦是种族灭绝分子，希姆比康瓦应该被定罪。诉讼提前有了判定。

"审判的结束就像交响乐团演奏的最后一个音符，对于听众来说既是一种缺失，又是一种解脱。有人对我说要重新回归正常的生活，这有可能吗？是我该希望的状态吗？要弥补，要寻求具体普通的东西，还是要寻找一个新的现实？比如电影，特别是梅尔维尔[①]的电影。在他的电影中会涉及各类问题，如见多识广的强盗、上了光的皮鞋。希姆比康瓦案中有太多太多的裂痕、焦虑、公开或潜在的冲突。但最多的是冻结的希望，失望的希望。我无法接受审判的结果，想要恢复正常的情绪关键是要后退一步。我考虑的只有各种问题。

"经过这 6 个星期的审判，我还是同样的我吗？那是我辩护的案子吗？那首个永远遭到质疑的公诉案？被告和一个随处可见的个人故事间的最后对抗？我试图说服自己我还是同样的我，需要孤独、英雄主义，是一个孤独的英雄。我想回家，什么也不想。我想摆脱诉讼，摆脱这场操纵的游戏（我操纵他人，他人也操纵我）。这条摆脱情绪传染的走廊比我想象中要长，行走

---

① 让－皮埃尔·梅尔维尔（Jean-Pierre Melville，1917—1973 年），出生于法国巴黎，法国导演、编剧、制片人、演员、剪辑。——译者注

其中，我需要再阅读卷宗的编号，重新记笔记，和我的同事说话，和希姆比康瓦说话。我也需要重新找回重罪法庭的味道，回归正常是一个渐进的过程。走出种族大屠杀，走出我将继续承受的历史，因为人的任务就是向自己提问，淋漓地去生活。根据哲学原理：'获得最充实、最快乐生活的秘诀就是体验危险。'是的，我想要体验这些令人震惊的情绪，颠覆人们信仰的情绪。我想要生活在维苏威活火山旁，因为我确实认为对于律师来说，正常的情绪状态并不存在。每次庭审时，律师都在语言的魔术中寻找意外、混乱，总之就是每个刑事诉讼中来了又去的情绪，就像永恒的轮回，反抗最大的恶——不公正。'一句话会造成全盘皆输，一句话也能力挽狂澜。'"

杀青

少见的是，爱泼斯坦在他连续性的讲述中，向我们揭示了他的"情绪游戏"，解释了他想依次引起陪审员的哪种情绪。他辩护的目标就是让陪审员感到质疑——最终引出有利于被告的情绪。

他在辩护的开始，力图让陪审员体验到一种暂时的宽慰，让他们放松，在经历漫长难熬的 6 个星期后仍感到满意，这有点儿像热身运动。他用了如下说辞："这场漫长、重大的审判快结束了，6 个星期以来，我们听教授、专家、心理学家、精神科医生、证人说话。我们看了电影，读了书籍和报纸的选段，讨论了草图、复印件和图样。6 个星期以来，你们试图抓住被告难以捉摸的眼神。6 个星期里，笑声之后是严肃。6 个星期里专心致志审判案件，对于我们的精神是场考验，需要我们竭尽全力。我们共同度过了 6 个星期，一切将在几个小时后画上句号。"

宽慰中掺杂着自豪感，为经受住了 6 个星期的冲击而感到自豪。这有助于提高听者的自尊心，巩固他们在重罪法庭中的位置。

陪审员的心理状态"到位"了，律师马上用一句简单的话请他们再做出最后的努力："但我还需要你们片刻的关注。""但"引出的转折句让陪审员知道最终他们还是要付出一点儿代价，但和6个星期的审判相比，这似乎是可以接受的。6个星期里，他们焦虑、害怕、无聊，因无法见到家人或无法去工作而沮丧。此外，所有陪审员都真切感到非常"接近目标"，要知道终于能够回归正常生活，只会鼓励他们"付出最后的代价"。这里利用的心理动机和某些谈判相同。在漫长紧张的谈判中，经常是在双方都不满意谈判结果，准备要走的时候，出现了最后的剧情反转。往往就是在谈判即将结束时，一个老练的谈判者给出最后一击，要求对方最终再做出一点儿让步。后者在经过了很多的讨论、叫嚷、吹毛求疵、语无伦次、间接的威胁后，非常"狼狈"，没有力气也不想再从零开始。于是他接受了让步，而不是承受失去一切的风险，让之前所有的努力付诸东流。

最后突然，就像远处轰鸣的狂风暴雨一般，律师的口吻变得更加严肃。他为自己的委托人辩护道："我请你们将他无罪释放。"制造了出其不意的效果，因为即便陪审员对此有预期，但听到律师大声又坚定地说出来，还是很引人注目。此时，律师吸引到了陪审团的注意力。

他随后展开陈述，强调不该向恐惧投降，因为在此案中"卷宗、指控、被告都令人害怕，将被告无罪释放的行动也令人恐惧。所以应该在人为的恐惧和事实之间做出选择，不要被恐惧的情绪牵着走"。

为了抵制这种恐惧，他力图通过谈论自己带有历史印记的故事，让听者感到不适，同时也再次让希姆比康瓦变得有人性。他当着所有人的面对希姆比康瓦说："我也是花了很长的时间才相信你（他转身朝向自己的委托人），也许是我想要自己接受一段双重历史，因为我也有自己的历史，从十岁起我就活在这段历史当中。我最早读过的书是埃利·威塞尔（Elie Wiesel）和普里莫·莱维（Primo Levi）[①]的作品。为一个人辩护需要慢慢来，确实如此，我花了很多时间来替你辩护，但我不后悔……"

几句话过后，爱泼斯坦律师把听者感觉到的不适变成一种深深的不安，特别是防止被告被妖魔化，把他描述成一个替罪羊，大家为了给他定罪制造伪证和受害者。弱者和权力系统之间，我们的心总是倾向于弱者。以下是他所说内容的节选：

"……此案令人不安，在这法庭上有种明显的不安。希姆比康瓦，法院想要给你定罪，完全无视疑罪从无原则[②]。不安是因为给你定罪需要证据，需要完整、真实、确凿的证据，而并非捕风捉影、拼凑出来的证据。然而在今早已经清楚地证明，并没有足够的证据给你定罪。所以（他指责原告）人们就在犄角旮旯里寻找蛛丝马迹，编造证据和声名，夸大其词。被告生活节俭，却被说成锦衣玉食。在其他人口中，被告住在一所空间更大、位置更好的房子里，像皇宫一般……所有人都知道他是恶人，在基加利所有人只会说这一句话……因为指控不能成立，所以大家就夸大其词，以偏概全'你们就撒谎，撒谎，撒谎，还能有什么！'"

爱泼斯坦随后对我说："我说到这里，封闭的庭审仍在继续。对我们来说，语言变得令人窒息。陪审需要感觉上的触动，触及上文提到的那种不安。我把那个词重复了好几遍，直到他们从生理上和内心深处感觉到了

---

① 埃利·威塞尔和普里莫·莱维是两位经历过奥斯威辛集中营的作家。——译者注
② 疑罪从无原则：指刑事诉讼中，检察院对犯罪嫌疑人的犯罪事实不清，证据不确凿、充分，不应当追究刑事责任的，应当做出不起诉决定。——译者注

不安。"

目前让陪审员心生质疑的条件已经成熟，更确切地说是让质疑的种子在他们的大脑前额叶皮质里生长开花。以下是爱泼斯坦辩护词的节选：

"重罪法庭的使命在于当真相存在时承认真相，当真相缺席时承认真相的缺席。如果你们决定判被告有罪，我请你们看着他的眼睛说'有足够的证据给你定罪'……或'没有足够的证据给你定罪，你将被无罪释放'。在本案中有明显的疑问、强烈的质疑。质疑让人咬着手指甲直到忧心忡忡……所有最伟大的天才都被质疑过……

"让人变疯的不是质疑，而是盲信……"

总结来说，爱泼斯坦公开的情绪博弈包含六张"情绪牌"：宽慰、自豪、惊奇、不适、不安和怀疑。由三种积极情绪开始，三种消极情绪结束。他以此打出以上的情绪牌，目的在于减少陪审员在审判开始就有的偏见。在其他几个诉讼案中，他也利用了同样的情绪博弈。

一句话总结审判结果：希姆比康瓦被判处 25 年监禁，但公设律师要求判处无期徒刑。减刑可能也是因为爱泼斯坦律师巧妙地播撒了质疑的种子，是辩护律师胜利的体现。

总结

如我们所见，在司法领域，无论是在劫持人质的阶段还是在重罪法庭，到处都会散发出情绪，一瞬间感染不同的当事人，动摇他们最深的信仰，最初的愿望和做出的决定。情绪传播的方向甚至也会翻转几次，好像情绪会让表针逆向移动，让有些人爱上凶手，让凶手想要保护自己的人质，让警察被罪犯哄骗，让律师在接触到案件时就呕吐。

司法领域经常让人感到不安、不稳定，甚至肮脏的情绪，无论是否承认，情绪都在人的心理上留下了痕迹。爱泼斯坦在诉讼案结束后说："我沿着走廊走到法院的入口。要是这条走廊是'情绪传染隔离舱'就好了？"存在这样的必要性，不光律师需要，其他人也需要消除情绪传染的工具。

所以我在随后的章节中使用了爱泼斯坦所说的"情绪传染隔离舱"一词……

聚
焦
情
绪

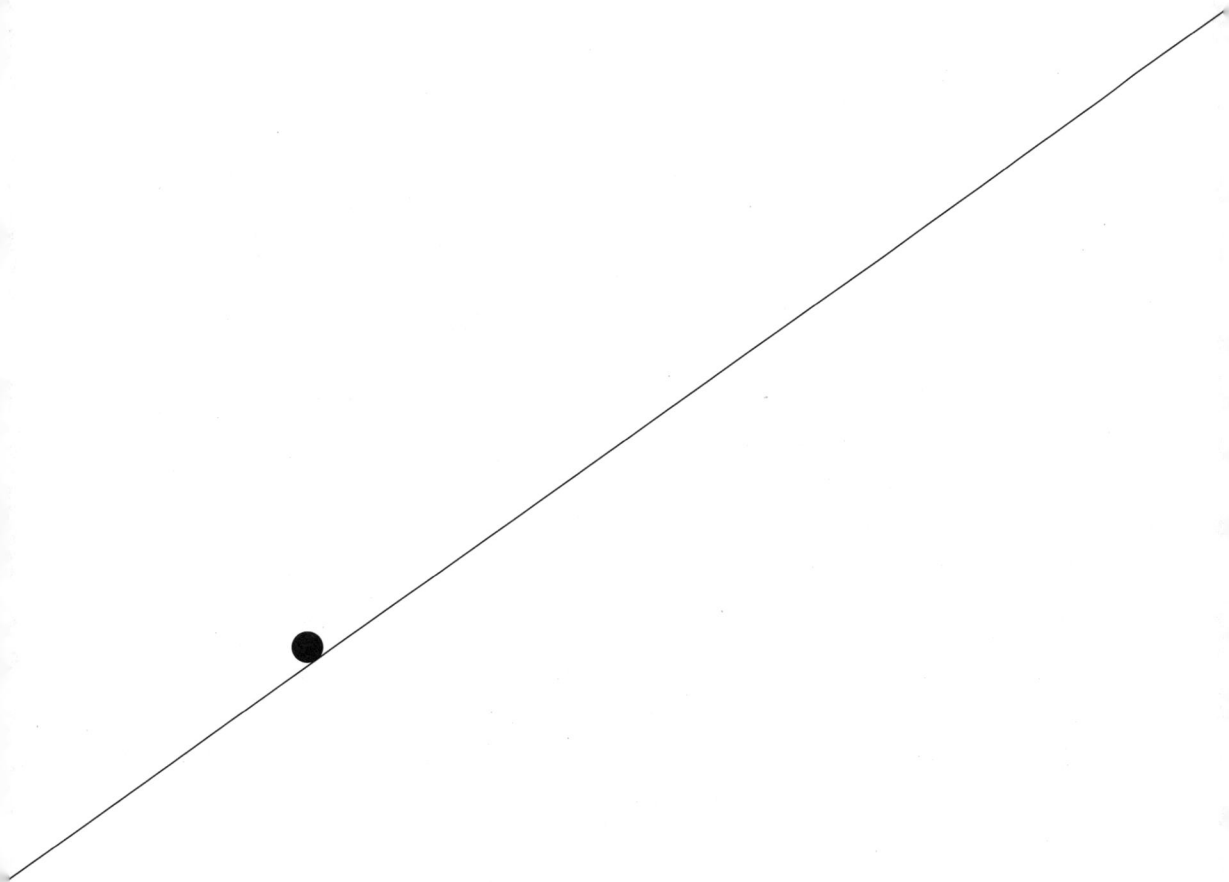

测试你的情绪敏感度

情绪传染隔离舱

我把讲话的机会留给情绪专家、心理学博士、鲁汶天主教大学教授莫伊拉·米科拉伊扎克（Moïra Mikolajczak），她会向你解释如何去除心理传染。下面请专家发言：

"尽管情绪传染有各种优点，特别当我们是传染源时（比如说服和吸引其他人的能力增强）。但当我们'被传染'时就面临一种风险，可能会心力交瘁、情绪衰竭，而这些甚至经常是在我们毫无意识的情况下发生。被其他人的消极情绪（比如焦虑、压力、愤怒、悲伤等）影响，精力也会被消耗，有时甚至会消耗很多精力。从理论上来说，积极情绪（觉醒、喜悦、自豪、感恩等）的传染，能够弥补或者逆转消极情绪的影响，但是人们分享的苦难比喜悦多。

为了避免精力被他人的情绪消耗，建立起情绪防火线很重要。过滤他人的情绪，以免受伤。防火线必须高效，因为负面的情绪可能会在几毫秒内就产生影响。防火线也并非严丝合缝，我们显然不可能回避所有他人的情绪。

情绪传染也有优点，我们将一起研究哪些情绪应该被过滤掉，以及当我们不想要的情绪越过防火线时，应该怎么做？

在此之前，我想和你确认一件小事儿：在情绪传染方面，你是特别敏感还是无动于衷？如果你属于特别敏感的那一类，不要有压力，我们将一起思考在必要时应该采取哪些做法来消除情绪传染。

测试

就像有些人比其他人更容易被催眠一样，有些人更容易被情绪传染。情绪传染是一种与生俱来的现象，但每个人的易感度不同。比如有些人非常情绪化，强烈地表达着他们的情绪（比如他们恋爱时，爱得死去活来。碰到挑战时，感觉压力巨大），这类人更容易被其他人的情绪影响。女人比男人更容易被他人的情绪影响。针对这种性别差异有不同的解释，目前还没有明确的答案。

第一种解释，认为女人天生（从生物学的角度）就更容易受到他人的影响，就像克利斯朵夫已经解释过的那样，生理原因导致女人对其他人的情绪更敏感。另外一种解释认为更低层次的人（不幸的是，在我们的社会中女性经常被认为是"弱势性别"）更容易识别他人的情绪（奴隶识别主人的情绪比主人识别奴隶的情绪更有用）。女人识别他人情绪的能力更强，所以也导致她们更容易受到他人情绪的影响。

你有多容易被他人的情绪传染？夏威夷大学的研究者创建了一个测试，可以测量你被情绪传染的可能性有多大。以下是测试的改编版，你可以花几秒钟填写一下，无须考虑过多。

序号	测试内容	从不	很少	经常	总是
1	如果有人向我倾诉时哭了，我感觉自己的眼眶也湿了	1	2	3	4
2	当我沮丧时，和幸福的人待一会儿能让我精神振作	1	2	3	4
3	当有人对我热情微笑时，我也向对方微笑，感觉很好	1	2	3	4
4	当我听到有人说自己的亲友死了，我真感到难过	1	2	3	4
5	当我在电视新闻中看到狂怒的人时，会咬紧牙关，感觉身体发僵	1	2	3	4
6	和愤怒的人在一起时，我也感觉愤怒	1	2	3	4
7	当我在电视新闻中看到受害者受惊的脸时，我马上就会想象他们会有什么感受	1	2	3	4
8	看到别人争吵时，我也感到紧张	1	2	3	4
9	我和幸福的人在一起时，也会产生幸福的想法	1	2	3	4
10	当我被紧张的人包围时，我也感觉自己变紧张了	1	2	3	4
11	看悲伤的电影时，我会哭	1	2	3	4
12	在牙科诊所的等候室里，听到孩子害怕得叫嚷，我会变得紧张	1	2	3	4

现在我要向你解释如何计算分数，随后我们方能一起来分析实验结果。首先请计算你的分数。

每次回答"从不"，得 1 分；

每次回答"很少"，得 2 分；

每次回答"经常"，得 3 分；

每次回答"总是"，得 4 分；

把所得的分数都加起来，看看你得了多少分（满分 48 分）。

分析你获得的分数。

低于 25 分：你属于"不易感"人群。

总体来说，你是很难被他人情绪影响的少数人。除非他人的情绪和触动你的事有联系，你很少被其他人的情绪状态影响。这样有好处（你更容易保持冷静和批判精神），但也有弊端（有时候，你会感觉自己置身事外，其他人觉得你冷血疏远）。

26—36 分：你很少能对其他人的情绪漠不关心。

你被他人的悲伤、压力和（或）愤怒影响，但你能够区分自己的情绪和他人的情绪。你富有同情心，但并不是一块吸收情绪的海绵。

37—48 分：你极其敏感，也就是说你很容易吸收其他人的情绪。

无论是身边人、陌生人，或电视上的一个演员，所有人的情绪都让你感同身受。这样有好处（你能很容易地站在他人的立场思考问题，包括那些你不认识的人，你也可以了解他们的意图和需要），但也有弊端（你极其敏感，为此消耗了非常多的精力，有时甚至会惹恼他人）。

情绪传染隔离舱

是否应不惜一切代价，摆脱情绪传染？

情绪传染，当然有其优点。但如果我们都变成了冷漠的机器人，那也是件不幸的事。情绪传染作为一种与生俱来的反应，代代相传，说明它对个体及物种的延续非常有用。比如恐惧情绪的传染会让其他人更快地意识到危险，愤怒的传染能动员集体的力量应对敌人，热情的传染能让大家共同努力达成一个目标，等等。

如果你的沮丧、愤怒或热情没有感染力，你就不容易获得帮助[①]。如果你不会被他人的恐惧或厌恶传染，就可能在遇到危险时更容易受伤。个体和物种的生存要求我们能够快速地与他人互相传递情绪，这便是情绪传染的意义所在。完全不被情绪传染，会让人被排挤，与他人和集体疏远。此外，很难被情绪感染的人一般社会融入度都不高。所以一直待在情绪传染隔离舱中

---

① 在后文中我们会看到，在涉及沮丧的情绪时，会有一些差异：当沮丧的情绪超过一定范围时，沮丧的传染会减少利他行为。

也不好，除非你想过隐居生活。

······但什么过度了都不好！

尽管情绪传染有其优点，但过度的情绪传染对自己和他人都是有害的。比如有些人非常容易被电视新闻影响。新闻中忍饥挨饿者的沮丧、被压迫者的愤怒、受迫害者的恐惧，他们感同身受。看过新闻之后，他们一定会沮丧一段时间。因为不能保护自己免受他人沮丧心情的影响，所以他们只能选择不去看新闻，通过这种方式保持内心的平静，却以不去获取现实的信息为代价。然而了解世界的发展也很重要，不光是为了与时俱进，也是为了能够参与社会的变革。过于容易被他人消极的情绪影响也不利于思考和理性判断。大脑中负责情绪和理性的区域会互相抑制：也就是说一个区域的活跃会导致另一个区域变迟钝，人在情绪激动时就很难理性地思考。如果被其他人的恐惧或者愤怒感染，我们就可能失去所有的批判精神。因此我们会在未曾谋面的情况下就讨厌一个同事的前任、孩子的老师······

过度的情绪传染也不利于我们珍视的社会关系，比如夫妻、家庭、工作团队。如果一个人过于容易被他人的情绪传染，那么对他们来说，有个压力大的伴侣就像噩梦。过度的情绪传染也不利于工作，比如企业改组时，最糟糕的就是恐惧和不安全感蔓延，破坏氛围。坏心情和流言蜚语让一起工作的快乐荡然无存，大家不再彼此信任，人人自危，问题越积越多。

最后还要注意一点。如果你非常容易被消极情绪传染，你的善心也会受到极大影响。研究表明，如果一个人对他人的沮丧非常敏感，那他更愿意逃避这种情绪。这很正常：如果一个人沉浸在他人的沮丧情绪中，便无法帮助他人。可能和大家想象的相反，最有同情心的人并非总是最有善心或最乐于助人的。反之亦然：见到一个沮丧的人就逃避的并非一定是对他人的不幸无动于衷的自私鬼！

隔离

鉴于以上原因，能够调节自身对他人情绪的易感性很重要。这也是随后我们要一起研究的内容。但首先要说明，并不是要建起堡垒或保护层，对他人的情绪无动于衷。而是要形成一种可靠的情绪调节器，让我们能够灵活地调节自身的情绪"吸收力"（这个词特别说给那些极其敏感的情绪"海绵"）。有时我们能打开情绪的阀门，让自己被触动，有时则要把阀门关上。

所以我要向你介绍一种隔离情绪传染的方法，让你在必要时能"剥离"他人的情绪。确切地说，我要向你介绍两种隔离舱。

第一种只在你被一个人的有毒情绪传染时使用。无论你是被伴侣、老板的压力影响，还是被朋友或母亲的忧伤触动，抑或被孩子或同事的愤怒传染，去除情绪传染的步骤是一样的。

第二种被我称为 D.É.M.I.N.E.R 法（每个字母都代表一个步骤），适用于（你所属）集体内的情绪传染，涉及两个人以上的情况。

每次你要按照顺序进行 7 个步骤。

情绪隔离舱 1　你被一个人的情绪传染

（1）发现情绪

我感受到了什么？有些人很容易分辨情绪：他们能够发现不怎么强烈的情绪，并能很轻松地确定自己是感觉到压力、恼火、沮丧还是混合的复杂情绪。对于另一些人来说，分辨情绪就没那么容易。对于 25% 的人来说，分辨自己的情绪非常困难。他们只有在快要爆发或代偿①失调时才能感觉到自己的情绪。有些人甚至在已经做出行动后才意识到自己的情绪："我想如果我打了他，那是因为我当时很愤怒／嫉妒。""我想如果我崩溃了，那是因为我已筋疲力尽。"

如果人不能发现自己的情绪，就无法使之消退，更无法改变其后果！

（2）这是谁的情绪？

这是我的情绪吗，还是我被其他人的情绪传染了？我们一直都被他人的情绪影响着，所以分清自己与他人的情绪非常关键，即便随后他人的情绪也会变成我们的情绪。

谁有压力？谁感到恐惧？谁生气了？我的一位朋友，本来很开朗，结婚几年后变成了一个易怒的女人。她丈夫在一个专横又过分的老板手下工作，每天晚上都给她讲述自己在白天的经历和所见所闻。他有理由愤怒……而他的愤怒也慢慢传染给了自己的妻子。随着时间的流逝，我眼看着自己的朋友与之前判若两人，变得尖酸刻薄，他们也开始酗酒。此种情况持续了三年……直到她意识到这种愤怒并非是她自己的愤怒，而是丈夫的愤怒。如果他受不了老板的行为，他得做出行动。她有时可以听他倾诉，但不能每天都充当他发泄愤怒的工具。

---

① 代偿在生理学上是指人体的一种自我调节机能，当某一器官的功能或结构发生病变时，由原器官的健全部分或其他器官来代替，补偿它的功能。从心理角度分析，代偿可以分为自觉的和盲目的两种。自觉的代偿指知道自己的短处和缺陷所在，可以做到扬长避短；盲目的代偿则是不清楚自己的短处与缺陷，往往导致过分代偿，结果某些方面畸形发展，破坏了人格的协调统一，反而加剧心理冲突，造成适应困难，人际关系不良。可见，代偿可以是建设性的，也可以是破坏性的。——译者注

（3）我为什么被传染？

几种情况会加剧情绪传染，使人更容易被他人的情绪影响：

当关系亲近时（你的伴侣、孩子、最好的朋友）[1]；

当对方的情绪很强烈时（你的伴侣带着压力回到家）；

当双方经历过类似的事情或和对方曾有相同的处境时（刚刚丧母的你参加了同事母亲的丧礼）；

事件不光与对话者有关，也和他所属的团体有关（一个朋友打来电话，告诉你《查理周刊》枪击事故）；

让另一方产生情绪的事件触及了你的基本价值观。

当这 5 个条件都满足时，情绪传染最严重。但只要满足一个条件，就足以增加我们对情绪的易感性。比如一个朋友受到不公正待遇后和你讲述他的愤怒，而正义是你的核心价值观之一，你也会感到同样愤怒；另一个朋友和你分享他被出卖的痛苦，而诚实和忠诚恰好也是你看重的品质，那你也会深受触动；第三个朋友看到猩猩因棕榈油的种植而灭绝，向你表达他的愤怒，你受影响的程度取决于你有多重视环保。因此，情绪传染也经常能让我们了解自己的价值观。

（4）通过倾听，减少传染

虽然此话听起来矛盾，但的确不虚：为了减少情绪传染，探讨情绪经常比逃避更有效。假设塞西尔的老公保罗带着压力下班回到家，为了避免被他的压力传染，塞西尔不去问丈夫压力大的原因，她以为自己这样就能不被传染……然而她错了！情绪传染的问题在于它并不是由理解力导致的：被他人的情绪传染并不需要了解他人产生情绪的原因，只需有感官接触，也就是说

---

[1] 回忆一下克利斯朵夫之前提到过著名的"爱意"传染。

我们看到他人的面部表情、听到其声音或感觉到其压力。所以，即便塞西尔不知道保罗为什么压力大，她也能看到、感觉到他的压力，这就足以让她被情绪传染。

为了避免被亲近之人的情绪传染，就要让对方的压力减小。为此，第一个方法就是专注、带着同情心、不加评判地倾听对方。所以塞西尔就问保罗为什么有压力。保罗向她解释，可能说了半个小时。但如果保罗感觉到真正有人在倾听自己，他的压力就会逐渐减小……会比塞西尔什么都不说减得快。注意，就像我们在前文中所说，这可不是每天晚上听对方抱怨两小时！而是给对方提供能获得高质量倾听的空间（质大于量！）。

（5）帮助对方调节情绪

降低情绪传染也意味着降低感染我们的人情绪的强度。只要经常专注、同情、友善地倾听对方就足够了。但注意，很少有人同时具备这三点：有些人听时心不在焉（做其他事、想其他事……）；有些人不愿真正花时间理解对方（他们把自己的经历扣在别人身上，他们想当然地解读他人，他们会问很多问题，让对方没有被倾听的感觉……）；还有些人会忍不住说教（"我早和你说过"，"这就是你有点儿不对了"，"如果你没有这么做，他就不会那么做"……）。研究者证明，实际上很少有人真正知道如何倾听。

如果尽管得到了高质量的倾听，对方的情绪依然强烈，那就有必要更积极地帮助其调节情绪。比如可以帮助对方找到解决方案，让他用新的角度看处境，转移其注意力或帮助他放松身体（运动、泡澡、按摩、爱抚，取决于你与对方的亲近程度）。要注意只有在经过高质量的倾听后，这些更积极的帮助措施才会有效和被认可。其实，如果我们过快地给出一个解决办法、让对方用更积极的角度看待问题，听者不会有被倾听的感觉。他的情绪可能会有增无减……情绪传染也会是同样的。

（6）拒绝代替他人承受情绪

如前文所说，我们可以帮助他人找到解决办法，但绝不能代替他人寻找解决办法和行动（代替孩子完成作业；帮沮丧的朋友找工作，而朋友自己不找工作……）。有些人在和你交流他们的问题时扭捏作态，为的是让你代替他们承受／解决问题。他们转移自己的痛苦：他们感觉好点儿了，但你却感觉更糟了。所以关键要提醒自己：虽然我们可以被他人的沮丧、愤怒、压力感染，但不能代替他人承受情绪。在此方面，母鸡教小鸡走上台阶，进入花园就是一个例子。母鸡不会帮小鸡上台阶，最多站在它们身边，给小鸡示范如何上台阶，然后站在台阶高处鼓励它们，看着它们尝试。即便小鸡尝试失败，母鸡还是会在一旁加油。有时母鸡会在台阶上等半个小时，等待每一个小鸡都学会如何越过台阶。

还应注意，在许多情况下，让对方一开始就"意识到"情绪传染的影响可能是有用的。绝不是要责备对方，只是要让其意识到他的情绪传染给了你。面对压力尤其如此。恐惧／压力／焦虑类的情绪是最重要的情绪，关乎人的生存问题。所以这些情绪也是最有传染性的。和有压力的人共处一室，就足以激活我们自身应对压力的生物系统。所以使压力大／焦虑的人意识到自己的情绪及其对他人的影响是有好处的。做到这点可能只要简单地用幽默的口吻说："看到你有压力，我也好有压力啊！"但不要害怕说出来，无论是对你的孩子、配偶、父母，还是朋友（甚至对老板……注意措辞！），这样做可以让对方意识到自己的紧张，促进他管理压力。

（7）降低传染情绪的强度

最后一步，被他人的情绪传染后，减少自己的情绪表露也很重要。区分他人和自己的情绪，别人的归别人。重新关注自身，给自己一点儿时间，深呼吸，也可以做一做微放松。

微放松是种持续约一分钟的放松程序，有不同的方法，可以通过各种方式组合起来：关注自身、呼吸、伸展和（或）放松某些肌肉群。我最喜欢的微放松方法如下：站着、坐着或躺着都可以做。先进行一次深呼吸，随后依次关注身体的某一部分。如果发现某个部位紧张，就放松相应的肌肉。用同样的方法检查前额、下颌、嘴巴（放松嘴唇和牙齿）、肩膀和斜方肌、手臂、手、背部、腹部、大腿、小腿，最后是脚和脚趾。

情绪隔离舱2　防止被集体情绪传染

（1）以平常心对待情绪传染：它是集体凝聚力的必要组成部分

情绪传染的影响之一是它增加了情绪的一致性：团队的成员同时感受到相同的情绪（恐惧、热情、愤怒）。除非情绪引发了团体内的冲突，一致的情绪能增强集体的凝聚力。正如现代社会学的奠基人之一埃米尔·杜尔克海姆（Émile Durkheim）指出的那样，一致的情绪增强集体归属感。通常，个人身份优先于集体身份（人们首先认为自己是一个独特的个体，其次才是某个团体的成员：我是"我"，其次才是一个"比利时人"；你是"你"，其次才是一个"法国人"）。一致的情绪颠倒了这一顺序，集体身份先于个人身份（人们首先认为自己是某个团体的成员，随后才是一个独特的个体。当《查理周刊》枪击事故发生时，你首先是"法国人"，有些人甚至还是"查理"，随后才是"你"；当陪审员愤怒时，他们先是"陪审员"，随后才是"他们"）。

简而言之，情绪传染有助于集体的团结，所以不能总是想要预防或阻止它。当情绪传染或一致的情绪产生了有害的影响时，需要回到第二步。比如当恐惧让人失去了理智；当愤怒遮住了批判精神；当气馁或压力导致大家关系紧张，破坏了集体的氛围。

（2）努力接受紧张的局面

被他人的情绪传染是非常正常的。然而问题在于身处一个集体中，特别是处在一个有限的空间中时，负面情绪（压力、恐惧、沮丧）的蔓延常会导致氛围紧张，所以集体中常会有关系紧张的时候。好消息是这并不是坏事，反而是好的信号！系统学家埃蒂安·德索伊（Étienne Dessoy）就认为集体关系（夫妻、家庭、工作团队……）的健康与否体现在集体是否能顺畅地经过集体氛围循环的不同阶段。如下图所示，氛围循环的末端是融合、和谐；另一端是破裂、危机。在二者之间有分歧（从融合到破裂）和再次达成一致（从破裂到融合）。

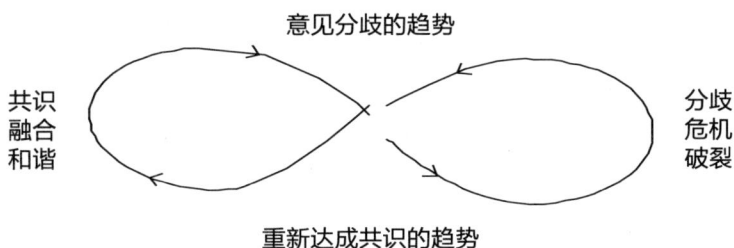

意见分歧的趋势

共识
融合
和谐

分歧
危机
破裂

重新达成共识的趋势

一个健康的团体经常处于和谐的氛围下（上图左侧），但他们必须能够经历一个循环：产生分歧、关系紧张，随后再达成共识。只处在融合阶段，病态地逃避紧张或冲突的团体，其实是害怕不能在破裂之后再达成共识。

如果你所在的团体暂时氛围紧张，接受它的存在，它是集体生活的一部分，也是集体健康的信号，但这绝不是说可以让紧张的局面持续，显然有必要具备消除紧张的方式。

（3）以我为先！想帮他人时先让自己摆脱情绪传染

在飞机上，当氧气面罩从舱顶掉落时，最好先照顾好自己再去帮助他人。

也就是说，在给相邻的人或自己的孩子戴氧气面罩前，必须要自己先带上。本能地出于同情心，人可能倾向于先帮助身边遇难的人，尤其是救自己心爱的孩子。先人后己是一种高尚的情操，但飞机遇难时如果先给别人戴上氧气面罩，我们可能自己就先窒息了，最终也无法帮助他人。对于情绪传染来说也是同样。我们首先要能够调节自己的情绪，随后才能帮助身边人有效地调节有害情绪。总之，我们必须先让自己进行情绪呼吸，才能帮助他人及团队正确地呼吸。

（4）独处一会儿——透口气！

如前文所述，情绪传染的问题在于它并不理性。只要我们感官接触到他人的情绪，也就是看到他人的表情、听到他人的声音或感觉到他人的紧张，就会被他人的情绪传染。免受集体情绪传染的最好方法就是休息一下，到旁边的屋子里单独待一会儿，切断自己的感官与他人情绪的接触。如果不行，就在心理上与他人隔离，休息一会儿。从物理或心理上与他人隔离后，进行深呼吸，关注自己的腹部在呼吸时的起伏。这种呼吸方法被称为腹式呼吸，可以调节氧气／二氧化碳平衡[1]，减少压力。所以呼吸吧……然后进入第5步。

（5）给情绪命名

现在想想：发生了什么？我有什么感觉？我们有什么感觉？这可能对你来说很明显，或很复杂。研究表明，一些人很容易识别自己的情绪。例如他们能迅速确定自己是否感到压力、恼火、沮丧或以上各种情绪的混合。但对于另一些人这就更困难了，正如前文所说。问题在于如果一个人发现不了自己的情绪，就无法改变事情的发展轨迹。如果团体中出现了紧张的氛围，重

---

[1] 注意：不建议哮喘和肺部疾病患者进行腹式呼吸。

要的是要辨别紧张的背后隐藏的是什么情绪：压力？恐惧？愤怒？失望？沮丧？这会让你更好地理解紧张氛围的根源，这也是进行第6步和第7步[1]不可或缺的前提。

（6）研究情况

被情绪传染时，人经常倾向于责备第一个产生情绪并将它传染给集体的人或是某个不知道如何应对情绪传染、引发紧张气氛的人。发脾气只会加剧问题，与其如此，不如试着理解发生的事，然后分析问题。谁最先感觉到了情绪？为什么他（她）感觉到的情绪如此强烈？为什么我们都被这种情绪感染了？为什么有些人崩溃了？他们更脆弱吗？更劳累吗？识别并理解以上问题能让你不那么情绪化（有两个原因：其一，友善地看待他人能让你变得平和；其二，思考这些问题能调动你的前额叶皮质，抑制大脑中与情绪相关的区域——杏仁核的活动）。问题的答案也会让你获得进入第7步并消除集体情绪传染的钥匙。

（7）重回集体——排除情绪炸弹！

消极情绪最好的解药就是……积极的情绪！积极的情绪能产生生理影响，确实有助于消除消极情绪。在消极情绪的背景下，激发积极情绪最好的方法就是幽默。如果可能，在返回集体时就逗笑其他人。如果你天生不幽默或当时的情景不适合笑，就带些好吃的回来（特别是到了饭点……人饥饿的时候更容易氛围紧张）。填满肚子能镇定人的精神。如果前面两个方法都不可行，请用简单的短句简要地描述一下情况，劝大家保持理性和善意："好，伙计，让我们冷静一下。大家都有点儿紧张，这可能是因为我们都感觉XX（说出情绪XX及其原因：比如'沮丧，因为……'）。我们不要为此吵架，这

---

[1] 为了准确地识别自己在某一刻感受到的情绪，可以使用心情博士（Dr Mood）。

样没什么用。"然后找到最生气的那个人，以让大家（几乎）都能达成共识的事情询问他的意见："你是不是觉得我们现在应该去吃饭了？"或"你是否觉得我们应该……？"目标是重视此人（激发他的积极情绪，使其镇定），另一方面是为了让他思考，而不是情绪化。如果氛围并不紧张，但有一个人的情绪非常强烈（比如恐惧、沮丧、愤怒），传染了集体。那么，试着与"零号病人"①单独谈谈。"零号病人"即情绪传染源。让此人恢复理智后，再让他去给其他人讲道理。

现在，无论是应对一个人还是所属集体的有毒情绪，你都已做好了准备。

---

① "零号病人"指的是第一个得传染病，并开始散播病毒的患者。在流行病调查中，也可以叫"初始病例"或"标识病例"，正是他造成了大规模的传染病暴发。——译者注

你是如何被宠物治愈的

法国乃至全世界，越来越多的协会和太平洋动物基金（PAF）的名人投入到动物保护的事业中来。从 L214 到艾默里克·卡隆（Aymeric Caron），再到弗朗兹 – 奥利维耶·吉埃斯贝尔（Franz–Olivier Giesbert），他们都为动物的权利和尊严振臂呐喊。

人模狗样的可爱宠物多么吸睛啊！以至于我们给狗狗穿上节日的盛装，在网上评出前十名最像人的狗（要找出一张人脸和一只狗脸的共同点），或试着通过狗语言翻译机即时把狗叫声翻译成人类的语言，自我为中心的人类把动物装扮成人类，真是到了无以复加的地步！

一样有恶习

物种间的行为和生物上的相似点确实令人震惊。而且同样令人震惊的是，我们和动物似乎都有同样的恶习。比如人类似乎并不是唯一有酒瘾或毒瘾的生物：马会吃有害的致幻草；岩羊喜欢有强烈致幻性的地衣；或有时还能在非洲稀树草原上看到走路东倒西歪的大象，它们刚刚饱餐了一顿非洲李子（马鲁拉果）。马鲁拉果呈黄色，和苹果一般大，在阳光下发酵后含有乙醇；猴子喝了酒椰棕榈汁自然发酵后的棕榈酒后也会醉；甚至海豚也吸毒。在BBC的一部纪录片中，它们刻意寻找吸食小剂量的毒素，更确切地说是一种致命的神经毒素——河豚毒素，即河豚在感觉受到威胁时释放的一种物质。

幸运的是，除了恶习以外，我们与动物朋友，至少是和某些物种之间还有其他共同点。比如人类和某些动物都拥有不可否认的智力和直觉。大约在十年前我写了一本书，名叫《章鱼的态度》，在这本书中，我解释了头足动物为什么是水下最聪明的无脊椎动物。它们有着非凡的智力表现，拥有短期和长期的记忆，对自身的行为完全有意识。它们使用工具、通过观察学习、对疼痛敏感，能够做出本能的决定，应该会让人深受启发！

几乎和人类一样的声音

除人类以外，其他物种也可以系统地与同类交流。我们想到鲸鱼的歌声——鲸类动物发出的催眠和重复性的声音。鲸类是海洋哺乳动物家族中最有发声天赋的一类。由生物学家山姆·李奇微（Sam Ridgway）领导的国家海洋哺乳动物基金会的研究团队发现：一只名叫Noc的白鲸能够自发地模仿人类的声音，包括对声音信号节奏和频率的模仿。这在鲸类之中是个独特的案例，因为鲸类不是用喉咙发声（它们通过鼻道发声），而且一般白鲸的歌声要比人类的声音尖得多。Noc能够降几个八度，模仿经常与它接触的饲养员的声音。这种发声能力需要鲸鱼做出许多努力，"调整肌肉是非常困难的"，山姆·李奇微说。

我们还想到了灵长类动物，他们已经进化出了惊人的语言能力。比如狮尾狒发出的一些声音几乎与人类无异。狮尾狒是一种生活在厄立特里亚和埃塞俄比亚高地上的大猴子，它们像人类开合嘴巴一样拍打嘴唇发声，可能是人类语言的雏形。他们的声音酷似人声，震动的节奏（每秒钟拍打嘴唇的次数）为6—9赫兹，和人类说话时的节奏相近，有停顿和沉默。狮尾狒的声音很像人声，以至于待在一群狮尾狒中间时，可能会以为是在咖啡馆听人聊天。

喜欢社交的生物并非只有人类，甚至被人认为孤僻、独立和以自我为中心的猫也喜欢与人互动，胜过吃金枪鱼餐、玩自己喜欢的毛线团或闻气味对猫最有吸引力的"猫薄荷"。

各种情绪

请注意，大多数动物，特别是哺乳动物，都能感觉到情绪。英国博物学家达尔文在《人与动物的情感表达》（1872年）一书中国从科学角度证明了这一点。他在狗、猫、马、反刍动物或猴子等动物身上都观察到了很多情绪的表达，比如喜悦、痛苦、愤怒、惊讶或恐惧。

多年后，在达尔文所做研究的基础上，动物生态学家狄安·佛西（Dian Fossey）、精神分析学家杰佛瑞·穆塞夫·麦森（Jeffrey Moussaieff Masson）、生物学家苏姗·麦卡锡（Susan McCarthy）和动物学家乔伊斯·普尔（Joyce Pool）（仅举几例）都证明哺乳动物确实有情绪。逆戟鲸能感觉到恐惧、愤怒，可能还会记仇。除了这些情绪外，狗可能会感觉并表达嫉妒的情绪。章鱼通过自动改变皮肤的颜色来表达愤怒、焦虑、好奇心、欲望。一些研究人员，如著名的神经科学家安东尼奥·达马西奥（Antonio

Damasio）认为：即便是非常低等的生物也有情绪。

同情心也不是人类独有的。一只没有牙的波纹型虎皮鹦鹉或小鸡也有同情心。老鼠大脑的情绪回路与人类相似，它们有利他行为，对悲伤的情绪很敏感。受伤的鲸鱼返回水面呼吸遇到困难时，其他鲸鱼会来救援。很多逆戟鲸和海豚会在幼崽死后数周，甚至更长时间里背着幼崽，依恋之情令人动容。最后一个例子是人类的近亲——猴子，当它们发现给自己提供食物的自动装置会电击其他猴子时，马上就会拒绝启动该装置，甚至能绝食好几天。进行该实验的是著名的灵长类动物学家弗朗斯·德瓦尔（Frans de Waal），他几年前在法国媒体上说："我认为在灵长类动物出现前，生物就进化出了同情心。同情心是所有哺乳动物的特征，源于母亲的照料。当幼崽在遇到危险或饥饿时会表达一种情绪，母亲就要立即做出回应，否则幼崽就会死掉，由此就出现了同情心。这也可以解释为什么同情心是一种女性化而不是男性化的特征。"

如果动物有情绪还能表达，而且有同情心，这意味着它们具有情绪传染所需的全部理论条件。其实，在啮齿类动物、灵长类动物、鸟类、猪、狗等动物身上已观察到情绪传染现象。无须赘言，情绪传染对于人类和动物来说都是生存的基础。

我感兴趣的问题是：物种之间是否也有可能出现情绪传染？网上的一些视频至少通过图像证明了某些动物对其他物种的友爱之情，有时甚至存在于捕食者对猎物的怜惜，比如一只母狮对伊兰羚羊的幼崽表现出的爱意。这本身并不能证明情绪传染，但为研究人与动物之间的情绪传染提供了一条令人振奋的线索。在此我称之为"人畜情绪传染（contagion manimal）"，以致敬 20 世纪 80 年代美国著名电视连续剧《千面飞龙》（*Manimal*）[1]。

非洲最危险的动物

为了解答这一问题，我首先采访了娜塔莎·卡雷斯特雷梅（Natacha Calestrémé），她不仅是记者和小说家[2]，还是 31 部动物纪录片的导演，其中包括《自然英雄》（*Héros de la nature*），该片使她获得 MIF-science 最佳科学电影奖和参议院地球未来承诺奖。

"作为纪录片导演，我最开始几年都在拍摄野生动物：鳄鱼、猎豹、蝙蝠、狐猴或鸭嘴兽，我从动物世界中学到了很多。拍摄经历使我对周围的生态系统有了不同的看法，更重要的是，我发现野生动物和人类之间似乎可以在某种程度上相互影响。传递和接收动物的某种情绪看似难以置信，但只要存在这种愿望，难以置信的事也有可能发生。"

娜塔莎讲，她第一次产生动物与人之间是否能传递情绪的疑问，是在北海中间的法罗群岛上。在那里她遇到了保罗·沃森（Paul Watson），海洋生物的热心捍卫者，他来是为了阻止一个血腥的仪式——法罗群岛捕鲸活动（grind）。这种野蛮的习俗让当地居民屠杀领航鲸（海豚的近亲），切断它们的头，只是为了庆祝胜利。当大海上空空如也时，一只明克鲸和两只幼鲸开始在他们的船边玩耍。

---

① 《千面飞龙》（*Manimal*，即人畜之意）由 Glen A. Larson 和 Donald R. Boyle 创作，1983 年开播。该片的主角切斯博士（Dr. Jonathan Chase）拥有变成世界上任何一种动物的能力，他借此惩恶扬善、匡扶正义。

② 她写了四本小说，其中包括《蜜蜂的遗嘱》（阿尔宾·米歇尔出版社，2011 年）和《沉默的伤害》（阿尔宾·米歇尔出版社，2018 年）。

她说："我琢磨着我们的黑船为何引来了它们，让它们想要和我们一同玩耍？我们向它们传递了什么样的情绪，让它明白我们并不是捕鲸者？我们的船和捕鲸船一样大。必须承认我们想见到这些受到保护的鲸鱼环绕在身边，我们就是为它们在抗争。这三只鲸鱼明白了这一点，决定露面并和我们一起玩耍。"

而后面的经历更有说服力。据她描述，事情发生在乌干达，她与摄影师杰拉德·塞尔让（Gérard Sergent）一起拍摄关于汉斯·克林格尔（Hans Klingel）的纪录片。克林格尔致力于保护河马，而河马被认为是欧洲最危险的动物。"河马的杀伤力比狮子还大5倍！"她仔细研究了河马的习性："雄性河马在身边划定了一个看不见的领地才能安心，越过边界的其他物种都会被河马暴力驱赶。因为河马是食草动物，粪便非常受鱼类欢迎。远古的渔民就知道要想捕到很多鱼，就要接近河马，但麻烦的是他们并不会游泳。当河马把船推开时，渔民就掉到了水里……淹死了。不幸的是这种事故很常见。如果碰上害怕自己的幼崽受到惊吓的雌河马，情况就更复杂了。河马妈妈和小河马经常躲在芦苇后面，身体沉在水下，避开灼热的太阳也能避免被人发现。人几乎看不到它们，这就是问题所在。当一个妇女在靠近小河马的地方洗衣服时，一只雌河马就会攻击入侵者，用巨大的犬齿把她切成两半。其实，河马讨厌出其不意的来访者。"

他们乘四驱车前往汉斯·克林格尔居住的营地，经过一个湖泊，杰拉德和她停了下来：

"距我们20米处，3只河马浮在水面下睡觉。尽管因为第一次见到河马而兴奋得想要欢呼，但我们还是低声说话以免吓到它们。它们似乎很温和，我既平静又幸福。车后面的摄像机已准备就绪。杰拉德把三脚架放在车外，往前走了1米。我甚至想都没想就马上对他说不要再往前走了。河马看到了我们，它们没有受惊，我们也没有危险，但我考虑的是它们。杰拉德坚持要再往前走几步，我对他说'如果你再往前走，你就会让它们感到不舒服，它们就会沉到水下去'，而我对河马的了解也只限于书本。杰拉德固执自我，坚持道：'只要往前再走50厘米，我就能避开那些碍事的草。'我原地不动，也劝他不要动，但他还是蹑手蹑脚地靠近河马。3只河马潜到水下，永远地消失了。某种东西使我感知到了河马的情绪状态。是一种直觉，还是对无形细节的感知？我无从知晓。只知道河马释放出的一种情绪触动了我。"

随后的一天，为了拍摄成群的雄性河马，展示它们其实都有各自的领地，还为了拍带着小河马的雌性河马群，他们埋伏了一整天，这种情绪传染得到了证实。娜塔莎和杰拉德躲在金合欢树的树荫下，能清楚地看到河马但又不会惊扰到它们。他们在那里一动不动地等了4个小时，却什么也没有发生。

"突然，我有种肯定的预感。于是小声对杰拉德说：'石头左边第五只雌河马会从水里浮上来，小河马会跟着她，来个特写……'我也不知道为什么会有这种预感。随后雌河马从水里浮了出来，小河马也很快跟着浮出水面。它们轻松地移动到了湖的另一边，从我们不远处经过，甚至没有注意到我们的存在。此情此景如梦境一般，我竟然感觉到了雌河马的意图，要知道我连身边朝夕相处的亲人的感觉都猜不出。当河马妈妈和小河马消失在泥水里时，杰拉德转过身来问我：'你怎么知道它们会从水里出来？'我也不知道答案，但显然我和河马之间刚刚建立了某种连接。"

超越言语的交流

几天后，汉斯·克林格尔和他的妻子乌特（Ute）带领杰拉德和娜塔莎前往乌干达聚居着河马的一片森林。他们沿着灌木中的一条小道前进时，突然停了下来。"大象！好大一群象，有40多只！"汉斯惊喜地欢呼道。因为部落战争和伊迪·阿明的独裁统治，大象的数量日益减少。娜塔莎也兴奋不已，问汉斯是否可以绕路去拍摄大象。汉斯表示同意，解释说接近大象最好的办法就是远远地站在大象前进的方向，把选择权留给它们。"大象会看到你们。如果它们曾被其他人围猎或不想与你们碰面，它们就会绕行或折返。在此情况下便不要坚持，因为大象能把你们踩成肉饼，汽车在大象面前也不堪一击。如果相反，它们觉得你们值得信赖，就会走近你们，若无其事地从你们身边走过去。"

娜塔莎接着说："象群慢慢稳步地走向我们，它们每靠近我们一米，我的心就跳得更快一点儿。当我发现它们离我们只有30米时，我感觉已无法呼吸。时间好像停止了，而我意识到象群也一动不动。两只母象族长分列在象群的一左一右，观察着我们，好像在做判断。突然左边的母象上下点头，似乎在向我们致意。用拟人的角度看待动物的行为有点儿傻，但这就是我当时的感受。我情绪激动，脸上满是泪水，也像母象一样上下点头回应。另一只母象族长也上下点头，像是传递一个信号。象群继续前进，朝着我们走来。我的眼前是最美的哺乳动物，非洲刚刚敞开怀抱欢迎了我们。我转身看到杰拉德也哭了，而他可是很少被感动的硬汉。小象知道没有危险，开始在我们的车旁蹦跳玩耍。

"它们在我们周围待了20分钟，随后从我们身边紧贴着汽车走过。我经常想起这段经历，大象和我们之间有了一种信息交流。它们表达了一种担心和疑问，我们表达了想法，让它们知道我们会尊重它们，不会伤害它们。是这种相互信任让我们感动流泪。当我们乘车离开时，大家沉默不语，深受震动，每个人都刚刚经历了一个非凡的时刻，成功与大象进行了交流，传递了超越语言的一种情绪。随后我意识到，踏上非洲的土地，我身体的外壳似乎就消散了。我所有的感官都在感受碰到的物种，包括人类、动物和植物。我既不害怕，也不担忧，只想去认识不同的世界。我的感官不再仅属于我。是否情绪传染就是暂时忘记自我？"

尊重生命

在婆罗洲，娜塔莎体验了一次人与动物之间更加不可思议的情绪传染。和黑猩猩及大猩猩相比，红毛猩猩与人类的亲缘性更近：它们97%的基因都和人类一样。娜塔莎决定拍摄一部关于加拿大人比卢特·葛莱迪卡斯（Biruté Galdikas）的影片。他一生都致力于从黑市解救红猩猩，照顾它们，随后在基金会的一个森林中将它们放生。娜塔莎和摄影师杰拉德·塞尔让及3位达雅克人向导一起，进入丛林深处。

"突然，一个达雅克人向导悄声指向我们面前50米高的树顶，上面有6只猩猩。喔唷！总算没有白走。对我来说，一无所获、空手而归可是常有的事。布鲁诺很在行，他知道我们想拍到什么样的动物行为。我躲在后面，坐在一个倾斜的树干上，让他在前面拍摄。突然有了声响，我转过头，左看、右看，什么也没有。我又再次听到了小树枝断裂的声音。我抬起头，看到一只红毛猩猩就在离我15米高的地方紧紧抓着树枝，观察着我。它独自在树上待着，其他猩猩都在远处，刚好被我们的远摄镜头拍到。我马上低下眼睛，因为和很多动物一样，灵长类动物也无法忍受目光对视。我再也无法思考，开始了幻想。'求你了，来见我吧。从你的树上下来，我真的很想见见你。'我看向地面等了一分钟，感觉到它来到了我的左侧。我的心满溢着幸福。它冒险从树上下来，小心地踩到地上。我欣喜不已，继续鼓励它说：'不要害怕，这只是一次相遇，我期待已久。'它慢慢走到我面前，在我右边停了下来。我再次睁开了眼睛，眼前是一只亚成体的少年红毛猩猩，大概有七八岁。随后又出现了难以想象的一幕：它拿着一根棍子，像撑拐杖一样爬上了我的膝盖。达雅克人对此也很惊讶，他用布鲁诺的相机拍了 3 张照片。照片虽然有点儿模糊，但拍出了我的幸福。

"我脸上的红晕证明了我的情绪，那是恋爱中的人都会有的感觉：'它选择了我，太好了！'红毛猩猩用手捹过我的头发时，我用双臂抱住它。随后它消失在了丛林里。我们的接触只持续了 10 秒，却让我心潮澎湃。它不是来找食物，而是克服了对人类的恐惧来满足我最大的心愿——建立连接。我再次意识到人和动物之间存在情绪传染，因为我让猩猩代替我做决定。一开始它爬上我的膝盖时，它便可以做选择。我们再也没有看到它，如果不是有照片，我可能也不会相信发生的事。

"自那以后，我便相信当我们平等地看待动物和植物时，情绪传染就可能发生。我们都是生物，并没有高低贵贱之分。当你进入野生世界，不要制造噪音，尊重身边的生物，甚至不要攀折一花一木，整个自然似乎都在惊喜地颤抖。竟然有人不打算征服自然？真是意外。随后人与自然就能建立起超越语言的交流。尊重生物，情绪才能互相传染。"

雾中的黑猩猩

纪尧姆·德兹卡诗（Guillaume Dezecache）是皮埃尔和玛丽·居里大学认知科学博士，目前在著名的英国国家学术院担任牛顿国际学者，他给我讲述了他在乌干达布东戈生物站当研究员和在瑞士纳沙泰尔大学克劳斯·祖伯布勒（Klaus Zuberbühler）的灵长类动物学研究小组工作时见到的情绪传染。他的研究特别针对黑猩猩个体或群体在面对危险时，做出的预警和求救行为。

他首先向我解释了他对该问题感兴趣的原因：

"2010 年，我刚获得了认知科学硕士学位，对情绪传染的现象非常感兴趣。我的一位论文导师和我讲述了他记忆中的 1958 年 9 月 4 日（那天，戴高乐在巴黎共和国广场公布了新的宪法草案），荷枪实弹的警察让反示威者恐慌不已。不禁使我想到了电影中看到过的恐慌场面，特别是谢尔盖·爱森斯坦（Sergei Eisenstein）的经典影片《战舰波将金》。片中沙皇的士兵向民众开枪射击，人们四散逃命、出现了踩踏事故和巨大的恐慌。我问自己：情绪如何在人群中传播的？远在射击现场之外的人未闻未见枪弹之景为什么也会恐慌？人如何被他人的情绪控制？情绪能让一切认知控制失灵，我对此非常感兴趣。以上思考促使我做了一些不同的小实验。[①] 我一直都想把问题的范畴扩大到人与其他动物之间的联系：发现其他物种之间的情绪传染，了解情绪如何在完全不同的物种之间传播。"

他继续说道："2014 年 2 月的一天，我正在观察一只母猩猩和它的小家庭，它们正在无花果树下休息，突然，它们恐慌地微微动了一下，就一声不响地迅速爬上了树，离地面只有一两米，好像是为了躲避深草丛中的危险。7 个月大的小猩猩 Kaija 还在后面平静地摆弄着身边的植物，突然就被它妈妈抓走了。看到猩猩一家无声但明显的警惕行为，我和助理山姆也一阵惊恐。是什么让猩猩们如此害怕？我们花了几分钟寻找原因，但并没有找到危险的东西。我又想到了之前的研究课题——情绪传染，我再次见证了情绪传染的力量和自发性。"

是什么让纪尧姆在看到恐惧的母猩猩一家时也感到焦虑呢？

---

① 在前文 P52 页中，我们提到过他的实验，证明 A 可以通过 B 把情绪传染给 C，无须和 C 直接说话或相见。

"通过我的观察，尽管黑猩猩和人类有着亲缘性（600—800 万年前，黑猩猩和人类有着共同的祖先），但影响我的似乎并不是黑猩猩的面部表情或发声行为。为什么？因为大多数人很难辨认黑猩猩的情绪，比如从它的脸上读出恐惧的情绪。尽管它们的面部表情和人类接近，但可不要被误导：二者表达的情绪含义并不相同。当猩猩"感到害怕"，它们就会——"微笑"。由此我建议您不要把屈服的信号（面部表情再加上攻击性的吼叫，告诉入侵者它受够了）当作快乐的微笑！对于声音表达也是同样。有些声音可能让人混淆，比如黑猩猩可能会在发现威胁而感到惊讶或害怕时，轻声发出"呼"的声音，这可真不是为了让你焦虑，吓你一跳！

"以我的拙见，除一些情况外，身体动作还是能够解释一些物种之间的情绪传染。动物行为学家约翰·鲍比（John Bowlby）的依恋理论研究让我们明白，人类面对威胁的主要反应就是逃跑和寻找舒适区，这种反应似乎也是全部社会性哺乳动物所共有的。后退、保护敏感部位、逃跑的大幅度身体动作都是比较典型的反应。有时声音和表情不足以让不同物种之间传递情绪，因为差异太大。而且在潮湿的布东戈森林中，黑猩猩的危险通常也是人的危险：最小的蛇能咬死人，野猪攻击时会刺穿人的腹部。一只黑猩猩突然逃跑很有可能让你也感到不安。物种间的情绪传染似乎有两个基本元素：两个物种间有一些相似的身体信号，有一些共同的危险和威胁。"

纪尧姆还提出了最后一个问题：

"如果说黑猩猩的恐惧可以传染给我们，那么我们的恐惧是否也能传染给它们？我承认自己对此问题并没有清楚的答案，但毫无疑问后者也会发生。毕竟我们都害怕同样的东西，若我们惊慌逃离，它们也很可能紧随其后。"

爱在牧场

我采访的最后一个人，她的个性和坦率直言是出了名的，经常引发争论。她毫不掩饰自己爱动物胜过爱人。她就是布里吉特·莱尔（Brigitte Lahaie）。她说："多年以来，我和猫、马、狗生活在一起，但我和其他奇奇怪怪的动物也有接触，比如蛇、老虎、猴子、乌鸦、驴、山羊、鱼等。每种动物带给我不同的情绪。和动物的相处最让我感到开心的可能就是它们让我更了解自己。和动物在一起时，我们不能弄虚作假，它们像放大镜一般反射出我们的形象。我们以为可以完全控制自己的情绪，完全不露声色。即便这有时能逃过同类的眼睛，却骗不过动物。"

她对动物的喜爱可以追溯到童年时期。

"并没有什么特别的环境原因让我爱上动物，因为我父母都是城里人。我思考了很久，想搞清楚是什么让年幼的我想要和有着羽毛和绒毛的动物待在一起。童年的我非常敏感，感觉自己不被理解。然而动物却能像艺术一样，升华我无法与他人诉说的压抑情绪。如果说现在我能够更好地处理与他人的关系，我还是觉得和动物在一起时最融洽。当我开始对人文科学产生兴趣时，童年的创伤成了我的一种优势。通过倾听他人，我能够感知到他们最深层的情绪，他们感到被理解，这便是治愈的开始。

"小时候，我就会收留从鸟巢中掉出的小鸟。我的弟弟会养蛇及两栖动物。我也在房间里养了两只小鸡，直到有一天妈妈决定把它们送到她朋友经营的农场，楼房里已经养不了它们了。她答应我小鸡会在农场里幸福地度过余生，我现在对此表示强烈怀疑。但当时的我相信了，小女孩不会怀疑妈妈说的话，尤其是面对一个性格坚决的妈妈。后来，我在诺曼底的家里又养了小鸡。我养的第一只小鸡和我特别亲近：晚上，它会在鸡窝等我哄它睡觉；

早晨，它高兴地迎接我走出房门，一起去马厩喂马。我在驯马场奔跑时，它试图追上我的马，我不知道多少次把它撞倒在地。怎么能说鸡傻呢？

"我们经常以人类的行为或角度来评判动物的智力。后来，我搬到了巴黎附近居住，带上了我的两只小鸡。栅栏门坏了，但小鸡从没走到路上过。它们可能会到小路的另一头觅食，但不会越过看不见的边界。不幸的是，几个星期后小鸡死了，可能是死于狐狸之口。我并不喜欢把它们圈起来，索性我就再没养，至少暂时不养了……"

以下是布里吉特讲的一个鸟儿信任人类的故事：

"我和大丹犬一起去散步，走上房子后面通往森林的遛马场。突然我看到 3 只狗都兴奋起来。我走近一看，草丛里有一只受伤的乌鸦，面对猎狗勉强用喙自卫。狗并没有攻击乌鸦，可怜恐惧的小鸟并不是它们追逐的对象。我俯下身子来救助乌鸦，尽管我有点儿害怕它大张着的喙。但它马上就毫不犹豫地把爪子放在了我的手指上。我感觉到了它爪子的重量，没有一点儿防御的意思。乌鸦任由我把它放在篱笆的另一边，躲开猎犬。它本能地信任了我。

"随后我离开去遛狗，回来的时候想再看看它，刚才我们之间的珍贵互动仍令我感动。它在稍远处的灌木丛里，我想再次抱起它，给它找一处能躲避捕食者的安身之所，但它马上就啄了我一下。我没有坚持，我钦佩它的行为。因为一开始它没有选择，只能信任我去救它性命。但现在，信任我可能会让它失去自由。动物的世界是一所教人学习信任的好学校，它们比人类更清楚如何在特定的场合把握信任的尺度：既不过度恐惧，也不轻信他人。"

人类最好的朋友

毫无疑问，人和狗之间能最快建立起信任关系。她说："我和我的狗之间有很多故事可以给你讲。狗比任何人都更能感觉到我的痛苦、喜悦和愤怒。关于人类好朋友——狗的故事可太多了……狗和人的友谊非常纯粹，可能是因为其中只有爱。在人与其他生物的关系中，甚至是和猫相处时，可能总会有点儿恨。人类的爱总是矛盾的，即便是最美的爱情故事也会有阴影。但和狗相处时就只有阳光。

"狗能把两个事物联系起来，推断会发生的事情。比如你拿起了包，它就知道你要外出。你关掉了电视，它就知道你要上床睡觉。它们还能根据声音的语调和身体姿势猜测人的心情，比任何人都猜得准。

"你刚刚听到好消息，它和你一样开心；有多少次是狗儿舔去我悲伤的泪水，或把整个身体蜷成一团靠在我身上，让我感觉到它在我身边。最了解我情绪的是一只名叫蒂娃的斑点大型犬，当然它就是与我甘苦与共的狗之一！它什么都能猜得出来。小时候它和我住在纳伊的公寓里。我出去拍摄时，我的好朋友尚塔尔住在我家照顾它。我要回来的那天，从早晨开始它就很兴奋。我们从来也不知道它是通过什么线索猜到我要回来的，反正它从不会搞错。

"我养的第一只德国牧羊犬也有同样的感知力。当时我还住在母亲家里。我不在的时候，萝拉就待在我房间里，只有在我放学快回家时它才会下楼来。它兴奋地躺倒在楼梯上，以此告诉母亲我很快就会回来了。我记得印象最深的是有一次，我出去度假十天。邮递员刚把我手写的明信片塞进家里门下，它就把明信片衔在嘴里，走上楼放在我母亲面前，同时呻吟着。它从明信片上那么多味道中辨认出了我的味道？还是它有第六感？无人知晓。但狗确实有令人难以置信的感知力。

布里吉特还是一位杰出的女骑手，非常了解马。

"和马在一起又是另一回事。马是人类集体潜意识的一部分，从没哪个人说过不喜欢马。人可能会害怕、尊敬、逃避马，但没有人讨厌马。即便是被马严重伤害过的人，对它也不会有一点儿怨恨。

"我想说马有点儿像通灵师，它能比我们自己更快地知道我们的态度。通过观察一位骑手及其马匹的反应，你就能猜到骑手的感觉。

"当然，我们的马术水平会产生一定的影响。但在马背上，一切行为主要是通过我们的下半身控制，骨盆就是关键点。骑马者必须坐在马的重心后方，用骨盆控制马。马能感觉到他们每次前后运动或左右臀部重量的转移。人和马的运动越是一致，骑马时感觉就越默契。马鞍只是为了让我们坐着更舒适。通过最小幅度的动作转移身体的重量，马与人之间有了默契，共同前进。骑马者看向一个方向，马就会带着人朝那个方向前进。也就是说：人思考、马奔跑。这不是一种智力思考，而是情绪思考。人与马之间默契的交流，甚至建立起亲密的关系，都不是轻易就能获得。

"语言当然有助于马更好地理解人的意思。多年以来，我对骑马的技巧并无兴趣，只是凭着本能骑上马背。我一声'驾'，马就会飞奔起来。我一声'吁'，马就会停。毫无疑问，马能听懂很多词语，和狗能听懂的词语一样多。我的马最喜欢的词肯定就是'糖糖'，它们一听到这个词就会把头伸到我手边。

"如果说马和人没有那么亲近，那是因为马和我们没有同居一室。所以我们和马相处的时间没有和狗在一起的时间那么多。同样的，马不是捕食者，而是猎物。一开始，我们之间的默契并不明显，但正因如此才更不可思议。当一匹马信任我们的时候，就会毫无保留地付出全部，只要我们理解它。当它没有按我们的指令做，大多是因为我们表达得不够清楚。

"说到底，情绪的交流并不需要高级的语言。'适当地'表达我们的情绪，认真倾听对方身体传达的信息，是比长篇大论更有效的真正交流。是动物教会了我这一点，我永远对它们感激不尽……"

科学怎么说？

以上三个例子向我们证明人畜之间存在情绪传染。研究也首先证明了人的情绪可以传染给动物。

比如一些研究者就证实了布里吉特的话：狗会向包括人在内的其他物种表达同情。当狗听到婴儿的哭声时，其体内的皮质醇（压力激素）含量显著增加。狗似乎能分辨不同的情绪，比如人喜悦和愤怒的表情。在马身上也观察到了类似的能力。狗能通过人的面部表情和声音音调的变化了解人的心情。它们的大脑可以整合人类发出的两种不同感官信息（声音和图像），通过评估比较，严密地推断出人类的情绪。研究者证明人类通过声音表达的情绪（特别是消极情绪），能传染给听到声音的狗。

有证据也表明反方向的情绪传染也存在，也就是说动物的情绪也会传染给人。狗或猫等家养动物会引发我们真实的情绪。主人和猫狗互动时，人和动物体内会释放催产素，而催产素是体现哺乳动物爱意多少的化学计量表。神经科学家采集了猫和狗与主人在玩耍前、中、后三个不同阶段的唾液或血液样本，测量了其中的催产素水平。结果显示，双方在玩耍中、玩耍后两个阶段催产素的水平都有所增加。人分泌的催产素相当于其看到伴侣或孩子时分泌的激素量。

与动物，特别是和宠物互动的好处很多。和它们在一起时，人的动脉压、心率和压力水平会降低，幸福感会增加。和自己的狗狗玩上五分钟就能缓解压力。我有一对夫妻朋友，繁忙的工作一点点消耗着他们。自他们养了一只狗以后，之前连吃饭都没时间的两个人，现在 12 点—14 点之间会回家看狗，爱抚狗一会儿就能让他们恢复精神。他们的"镇静剂"是一只名叫卡奈耶的小狗，它完全改变了他们的生活。

猫也天生就有治愈功能。它们发出呼噜呼噜的低频谐波（20—50 赫兹）能安抚受惊的小猫和焦虑的人。低频的声音能够促进血清素（幸福激素）的分泌。撸猫、听它们呼噜呼噜的声音，能降低人的动脉压和心率、放松肌肉、让人进入平静安详的睡前状态，甚至还能增强人的免疫系统。所以日本开了很多"猫吧"绝非偶然。上班族辛苦地工作了一天，来到猫吧里喝杯茶，抚摸着温顺的小猫，放松身心。可以说猫是有毛的"治疗师"？

印第安纳大学的女研究员杰西卡·盖尔·米莉克（Jessica Gall Myrick）进行了一项研究。她让 6795 人观看有猫的视频，观看者产生了积极的情绪，焦虑、烦恼或悲伤减少。他们看到猫视频时的喜悦感，超过了因观看视频而推迟待完成任务的负罪感。

动物疗法的好处

与宠物互动对情绪很有好处，于是出现了流行的"动物疗法"（也被称为宠物疗法），也就是通过动物来治疗。我们现在甚至在公司就能听到有人说犬疗法、猫呼噜呼噜疗法、鱼疗法（用鱼治疗或是在有鱼的水族箱里治疗）、海豚疗法等。[1]

———————————

[1] 然而据里克·奥巴里（Ric O'Barry）执导的纪录片《海湾》中所显示的景象，海豚疗法有灰色地带。20 世纪 60 年代，里克曾是海豚驯兽师，现在他强烈反对鲸类动物交易。尤其是每年日本的渔民在太极湾捕鲸能获得几百万美元的收入，几乎世界上所有海洋公园的鲸鱼都来源于此。只要存在这"耻辱之湾"，海豚疗法就不能被鼓励。

在以上所有疗法中，我认为有一种疗法特别有潜力，那就是马术疗法：这种疗法需要在专业人士的带领下进行，"巧妙地"运用了情绪传染的力量。

我针对两组不同的人群测试过两次马术疗法，每次实验持续半天。第一次在专业环境下，第二次在私人环境下。由此我认识了伊丽莎白·德·圣巴西尔（Élisabeth de Sainte-Basile）（是她让我了解了马术疗法）和她的助手科琳·乔塞米（Corinne Chaussemy）。这两位女士在个人和团队陪护方面有着长期的经验，十多年前就在治疗中引入了马术疗法。她们的话与布里吉特所说的一致，让我们更近距离地发现神奇的马术疗法。

马术疗法

科琳和伊丽莎白向我解释说："现在使用马进行的教学有不同的叫法，比如马术疗法、马术治疗、马辅助个人发展……50 多年前，随着电影《马语者》[①] 的上映，美国出现了一种新的驯马方法。现在最出名的马语者是马文·厄尔·罗伯兹（Monty Roberts）、约翰·莱昂斯（John Lyons）、帕特·帕莱利（Pat Parelli）和安迪·布斯（Andy Booth）。该疗法在法国也得到发展，被称为'动物行为学'的马术——和研究动物行为的科学家并无关系。在发展过程中，业内的治疗师和咨询师把马术引入了临床治疗当中。在很多欧洲国家，比如德国、比利时、瑞士、北欧国家 [②]，以及近年来在法国都出现了该疗法。

"马术疗法长期用于残疾和孤独症的治疗，近十来年才被引入企业，大

---

① 参见电影《马语者》，由罗伯特·雷德福执导，1998 年上映。

② 参见欧洲马辅助教育协会（EAHAE）网站：www.eahae.org。

部分练习都是步行完成，比如'无形的缰绳'练习。以下就是练习的原理。

"我们建议受训者先用缰绳拉着马走完一条路线，由此已能体现每个人的个性和领导力。第二次再走同样的路线，但得让马在没有缰绳的情况下跟着人走。这时我们经常会观察到受训者的踟蹰：'我怎么让马在毫无约束的情况下跟着我走？'当然，这个问题在进行第一个练习时就已经出现了。事实上并不是缰绳让我们拉动一匹五六百千克的马，但放开象征着力量的缰绳时情况却不一样了……所以缰绳连接的究竟是什么？

"受训者需要探索无形的缰绳是什么？它是能量、振动的连接，能让马在绕过路障时紧跟他们的步伐或按它自己的路线走。在给马引路的人开小差或质疑自己的能力时，马也可能有反应。马不坚定的步伐折射出引路人的犹豫。甚至有时候，受训者太紧张、太专注于目标，忘记了自己的马，它会突然停下不走了。

"当马没有按受训者希望的那样做，那是因为人陷入了消极的想法和情绪。消极想法的'振动'和积极想法的振动不一样。马立刻会做出反馈，毫不客气地反映连接的质量。

"我们在日常生活中与他人建立微妙连接时，都面临着这样的困难。有时候我们会自言自语：'这个人，我真不喜欢！'此时我们就和看不见的情绪有了联系，马能强烈地感受到我们的情绪。在马面前，我们经常会重新学习小时候就会做的事。小孩其实和马有着同样的能力，但随着岁月流逝这些能力却被我们遗忘了。比如你要孩子和一个陌生人打招呼，孩子却躲在你身后时，你会做出什么反应？可能孩子和马一样，感觉到眼前的陌生人尽管戴着友善的面具，但其实根本没有那么友好。

"上述没有缰绳的练习还有其他好处，比如了解受训者会无意识地使用什么策略让他人按其意愿行事？吸引？恐吓？劝说？扮成受害者？马的世界中并不存在操纵（除非马被人虐待过）。马不会回应以上行为，于是这些人使用的把戏也被公之于众。

"抛开操纵不说，与马的互动让人想起自己希望被他人追随时采取的策略。比如在公司里，有些专家认为通过理性的论证就能改变他人。他们努力想要说服他人，证明自己是对的。但其实这种做法非常专横，就像有些骑手努力想要把自己的意愿强加给马。以下是一位受训者的经历，他是一位项目经理工程师。

"'和马在一起时，我意识到要做领导就要给他人留出一点儿提建议的自由空间。自那以后，我会更多地征求他人的意见，减少我自己一言堂的情况。今天上午我和一个不太熟的人开会。以往要是我和别人起了冲突，我会告诉对方是他错了，因为对方并不是我希望的样子。这一次，我问对方：您希望我怎么做？最后他和我都找到了自己的位置。连接就建立了起来，学会了如何与对方建立关系，这是一个有情绪参与的微妙阶段。'"

马——超准确的情绪解码器

科琳和伊丽莎白继续说："被猎食动物的生存取决于其即刻解读环境的能力。马非常敏感，能够捕捉到人感知不到的非语言信号。它是一个真正的扫描仪，我们内在和外在最微小的动作都逃不过它们的眼睛。它们能穿透我们的社交面具，触及我们外表之下的内心深处，有人甚至称之为超感官能力。20世纪初，一匹神奇的马——聪明的汉斯，引发了专家们的争议。专家围绕汉斯进行了非常有趣的研究，发现汉斯能发现提问者无意中发出的微小信号，而这些信号暗示着正确的答案（如果提问者自己不知道答案或马看不到提问者，马就也不知道如何回答）。

"要理解马就像一个巨大的情绪共鸣箱和放大器一样,考虑到马的体重、反应的速度和幅度，它给了我们一面镜子，让我们意识到自己的情绪。而且马的膁比人的大，所以共振面积也越大，能强烈地感受到情绪的振动频率。它们能比我们更敏锐地感受到我们的情绪，特别是当我们表现出的情绪和真实的情绪不一致的时候。

"马是社会性动物，好奇、喜欢玩耍和学习，被人养大的马不是只喜欢和同类玩。如果我们用明确、令它们感觉舒服愉悦的方式与之互动，它们会很乐意和人玩耍。于是我们就和马建立了连接。

"连接是有点儿神秘的一个概念，'动物沟通行为学实验研究时，在互相同情的对话者身上观察到的非语言行为的一致性，连接的概念可能与之相近'。两个个体，即人与马之间出现同样的情感和行为，说明二者之间建立了一种连接。这种连接让双方能够交流情感，即时协调行动，保持一致或处于相同的情绪波长中。和马在一起时，连接的表现变得明显。我们周围所有的能量都振动，人与马开始同频振动。这种振动非常有力，以至于几米外的观者都能感受得到。相反，如果马感觉受到威胁或仅仅是因为我们无法吸引它的注意力，或在极端情况下，马感觉受到侵犯、走投无路，马就会逃跑（身体或心理）。

"要知道马对人并无企图，它们不会评判，完全活在当下。主要是马的感觉和情绪支配着它的反应。作为文明生物的我们，却已部分忽略了这种能力。

"当受训者在练习时遇到一匹马时会发生什么？二者之间的互动显示大脑（理性脑或情绪脑）最先作出反应：要么不顾情绪，开始思考；要么被情绪冲昏头脑，无法思考。以上两种情况都可能让人行动失效，无法与马建立起通畅的关系。发展情商是让理性脑和情绪脑协调工作。"

6 个人的故事

下面，科琳和伊丽莎白讲述了 6 个人与马之间情绪传染的故事。

赛琳来到驯马场想要建立自信。她身边是一匹非常高大的马，让她感觉像瘫痪了一般。在她不知不觉中，情绪脑就马上把她带回了 40 年前。赛琳 4 岁时受到性虐待，此后一直生活在耻辱之中。为了帮助她继续生活，大脑封存了这段创伤性的经历，让她不会再有意识地想起，但也并未遗忘。面对高大的马，她再次经历了和面对性侵者时一样的情绪——对方那么强大，而她又小又脆弱，同样的无力感，让她动弹不得。于是她又想起了受到伤害时的情景，特别是得以超越创伤的过去。恰巧赛琳是一位抒情歌手，当她唱歌时会释放出巨大的能量。我们请她在这匹马前唱歌，她展现出的声音力量制服了马。赛琳意识到自己在马身边时也可以强大有力。恐惧和无力感逐渐被喜悦和力量感所取代，她得以重拾自信。

索菲是一个精力充沛的人，身兼数职，整天忙个不停，无法放松……她的身体已经向她发出了一些警告：皮肤问题、消化紊乱、疲倦。她和非常有活力又敏感的母马吉塔内一起练习，当她拉着缰绳让马围着驯马场走时，很容易就能让马飞奔起来，因为她会按"加速器"。索菲知道快跑，但当她努力想要马停下来时就困难了：什么办法也没用，即便一动不动地待在马场中央。情绪传染的镜像效应在这里体现得淋漓尽致。马完全能感受到索菲的情绪，与她的心跳同步，准确地反射出索菲的情绪状态。索菲意识到，当她以为自己平静时，其实她根本就不平静。深呼吸 10 分钟后，她让自己慢了下来，心跳变得规律平稳。于是马也立刻停了下来。有了这次经历后，她定期抽出时间让自己静下来，深呼吸。不仅她的健康问题得到了改善，在职场上也更加游刃有余，而且她发现自己朝孩子吼叫的次数减少了。

　　维多利亚（Victoria）是 3 个孩子的母亲，大多数时间独自管理着复杂的大家庭（她有一个残疾的女儿，她丈夫经常出差）。她决定接受一次马术治疗，并描述了自己的经历："我感觉很难受，好像身在一辆全速行驶的火车上，但我却没有抓手。火车依然全速前进，而我什么也改变不了。我知道火车最终会撞在墙上，而我感觉自己也没有能力让它停下来。"她感觉无能为力、筋疲力尽。不可能再让她和马"做"练习了，因为白天一整天她都在"做"事。恰恰应该让她什么也不"做"，在两匹马和一匹小矮马的陪伴下享受闲暇时光，体会和马相处时的感受。她就是这么做的，马根据她的表达在马场里来回走动。直到有一刻她情绪特别激动，哭倒在马场的沙地里。此时三匹马一起走到她身边包围着她，小矮马还温柔地爱抚着她。她放开了手，不再为别人故作坚强，重新了解自己的需要、局限和情绪。而且她也体会到在放手之后，还是有人爱她并陪伴在她身边的。她随后决定重新组织自己的生活，更加关注自己的需要和愿望。

　　塞尔进入圆形马场进行自由骑行。他刚摸了马一下，马就立刻动了起来，感受到压力的马飞奔出去。当塞尔想要让马减速时，他采取的各种方法只让马更加紧张，以至于情况变得危险，我们必须要介入。但当我们问他："你感觉到了什么？"他回答说："没什么特别的，我一点儿也不害怕……"当马做出危险的行为时，他思考、分析，完全不顾自己的情绪，以至于无法做出适当的反应。当我们感觉到危险时，本能习惯是逃离、做出应对危险的行动、引导马匹、进行攻击……但他的身体完全不动。

　　塞尔是一名培训师，他的团队也参与了马术治疗。他们立即对比了塞尔在马场上的经历与他面对学员时经常碰到的困难：塞尔能非常有效地传达概念，但有时无法管理和学员的关系，不理解学员的反应，因为他不知道学员的情绪。马发现了这一点，塞尔身体姿势和情绪的不一致让马很困扰。于是塞尔和其团队得以平静地就此进行讨论。

罗伯特在生活和工作中，经常无法获得周围人的理解。他对此甚为不解，因为他觉得自己善于交际又好相处。在他和马一起做练习时，他露出大大的微笑，正常来说微笑是高兴的表现，但似乎马并不是和他一样高兴，甚至有点儿忧虑。所以练习进行得并不流畅，马的步伐不均匀。罗伯特继续露出大大的微笑，直到马停了下来，拒绝继续往前走。于是罗伯特感到困惑，他不明白为什么自己已经在马背上尽力保持平静愉悦，却还是会这样呢？

一般来说，面对一匹马时，人会让理性脑休息，让情绪脑来表达。他们的身体会无意识地表达。马的拒绝表现反映了罗伯特身上的问题：他没有感觉到自己内心深处的恐惧，而用假笑来代替恐惧，以为自己是真的快乐。马感觉到了这种情绪上的不一致。

得益于此次经历，罗伯特意识到问题的源头在自己身上：周围的人很难了解他伪装之下真正的感受，这给他的人际关系也造成了困难。有很多参与者都和罗伯特一样，表达的情绪和真实的情绪不一致。"一致"是指意图、与他人的情感联系、非语言的交流传递的都是一个信息。当我们感觉和表达的情绪一致时，就会产生很强烈的影响，具有一种自然信念的力量，马帮助我们做到了这一点。我们的目标不是要每时每刻都保持情绪一致，这太困难了。但要知道如何改变不一致的情绪。

马还可以帮助学习有困难的孩子，激发他们学习、探索、接触他人的愿望。在和马接触的过程中，他们发现自己能做的事比想象中的多。卡米尔是一个11岁的小女孩，通过马术训练，她发现自己竟然能让一只700千克重的马走路、小跑、奔驰，甚至不用触摸它，只要她在那里就可以。自那天以后，她更加有自尊、肯定自我，能更好地管理情绪和找到自己的位置，这也影响了她与同伴、家人的关系和学习成绩。

团结得像一个人

科琳和伊丽莎白给我们讲的最后一个故事不是关于一个人，而是一整个团队。她们说："马术疗法也是培养几个人团结协作的好方法，让团队达到比个人行动更高的目标。"

该团队属于一个大公司，经历了困难的一年后开始重组。团队的一部分人被解雇，留下的人也未能很好地应对残局。他们怨恨、互不理解、互相冲突。他们需要找到自我组织和运转的新方法。

马术练习时，大家情绪激动，团体练习的最后，大家的情绪达到了高潮。参与者的任务是"引导"一匹没有缰绳的马穿过障碍（栏杆、路障），让每个人都找到自己的位置。被选的马叫"火炬"，它温顺又镇定，但它需要明确有力的指令，才能朝着理想的方向前进。

团队围绕"火炬"做出安排：需要有人照顾马，决定谁来骑马，还要有人站在每个障碍的两边引路……为了让每个人都能为最终目标贡献力量，团队做出了几次布局调整，"火炬"每次都非常配合。整个过程就像一场芭蕾，情绪明显可见：能感到他们的喜悦、快乐、尊重、对他人的关注和要求。

等到开跑时，场内鸦雀无声。随后团队开始行动，每个人各司其职，互相联系紧密，似乎彼此之间被无形的线连着一般。整个团队团结得像是一个人，随着马的前进重新调整、组合。当马绕过路障、毫不犹豫地走过篷布、进入界绳圈出的走廊——穿过最后的障碍，大家为它欢呼雀跃。所有人的脸上都洋溢着成功的喜悦，感受着同一种情绪，甚至"火炬"也不例外！

此后不久，当经理因要医治重病不得不离开几个月时，团队还是组织良好、井然有序地处理日常事务和开展业务。

科琳和伊丽莎白总结道："我们还能给你举出很多例子，证明马术疗法对情绪产生的影响。马让我们重拾童年的感觉，找回玩耍、探索和行动的快乐……每次马术治疗或是练习开始前后，参与者都会表现出一点儿柔情，摘下面具。人与人之间自然建立起了新的关系。是迷人的马吻醒了人沉睡的意识，让他们重新和内心的小孩建立起了联系。内心的小孩有梦想、有规划、会本能地朝着有益的方向前进。"

动物跟我们接触时是有情绪反应的，还会把情绪传染给我们，帮助我们重新建立和自己的连接：接受这一点岂不会让我们更有人情味？

情绪嗡声

近几十年来，一些研究人员在某些地区听到了奇怪的轰鸣声。这种来源不明的声音沉闷、神秘、有侵略性。一些世界末日的预测者把该现象称为"世界末日的号角"，认为它是暴风雨到来前的预示，说明地球在反抗人们的虐待：频发的地震、龙卷风、海啸、火山爆发、酷暑等都是证据。在气候变暖的影响下，地球可能随时都会爆炸，造成混乱……

在这本关于情绪传染的书中，我也想警示各位"情绪嗡声"可能造成的长期影响。全球性的消极情绪泛滥可能有一天会引发大规模的骚动，使人互相残杀。

因为我们已经进入了过于情绪化的时代，只要看看人们有多么易怒就能知道。情绪传染从没有如此严重。我不知有多少次看到两辆车轻微剐蹭后，司机就脸面红耳赤地从车里走出来，开始互相吼叫或殴打。他们积累了太多的有毒情绪，事故只是发泄情绪的借口。于是经常是负面情绪盖过了正面情绪，使得人类文明处于不平衡的情绪状态之中。

但为什么乐观的我会得出这个消极的结论呢？

地球生态超载日

我们已经发现，负面情绪比正面情绪更有传染性。但除此之外，我认为自然的正面情绪主要来源已经枯竭或只是被废弃了，而我们的身体和头脑需要正面的情绪方能保持心理的平衡。但情绪嗡声其实就像嗡嗡声一样（影响着人的情绪）。

2018 年 8 月 1 日是"地球生态超载日"，人类已经耗尽了地球当年可再生的自然资源总量，也就是说人消耗的木材、水源、开垦的沃土、捕获的鱼类超出了"地球一年可以提供、容纳和排放的量，且人类排放的碳超出了海洋和森林可以吸收的范围"，世界自然基金会的代表如是说。就像有人给了你一年的生活费，但到第八个月的时候你就已经都花光了，剩下的五个月你只能赊账度日。近些年来情况恶化：1970 年，地球生态超载日是 12 月 29 日，1980 年为 11 月 4 日，1990 年为 10 月 13 日，2000 年为 9 月 23 日……

情绪嗡声和情绪传染有什么联系？嗯，环境的计划性淘汰（通过森林砍伐和城市化进程）可能导致前所未有的情绪错乱，早晚让人集体发疯，有毒情绪争霸为王。它无法再被自然疏导，故而在人群中快速蔓延。

通过观看法国电视五台的纪录片《大自然的呼唤》，我理解了这一点。纪录片中，作家大卫·格斯纳（David Gessner）探索了环境产生的情绪影响。尤其让他感兴趣的是：城市的喧嚣对人脑的危害，以及自然对人脑的益处。一位接受采访的研究者谈到了"环境心理学"，也被称为生态心理学。这门学科对我而言并不陌生，但从他的话中我意识到环境心理学和情绪传染也有明显的联系。于是我思考：城市化和砍伐森林造成绿地面积大幅减少，这对个体的情绪可能会有什么影响？我现在的结论是：会造成巨大的影响。

情绪合成

数百项科学研究显示，经常与大自然接触，去看、去听、去触摸自然，会给我们带来很多好处：提高幸福感和满足感；改善睡眠质量、视力、身心健康、社会能力；有助于儿童认知、情绪、创造力、运动力的发展，增强免疫力；减轻压力和焦虑、抑郁、愤怒、注意力不足过动症、身体疼痛、头痛、肥胖、糖尿病等。森林浴（或森林疗法）是我们可以自行服用的最好的自然处方之一，让我们免受喧嚣的城市散发出的有毒情绪（压力、愤怒、沮丧……）的影响。比如我们可以在户外运动，而不是去健身房。或进行一次森林浴或"shinrinyoku"（1982 年日本出现了森林浴一词），让自己沉浸在大树的宁静安详及智慧之中。

森林浴是一种自然芳香疗法。在森林里散步时，我们从树上呼吸了很多挥发性物质，它们被称为芬多精（树木精油），比如具有抗菌性的 α-蒎烯和柠檬烯。研究人员甚至还证明：连续两三天，每天进行几小时的森林浴，能提高自然杀伤细胞的数量。自然杀伤细胞能杀死包括癌细胞在内的异常细胞。

树木能够吸收空气中的二氧化碳并释放出氧气，或许也能吸收负能量，向我们吐出更积极的能量：光合作用之后就开始情绪合成[1]。有些人还会拥抱树木，即大大地拥抱一棵树，闭上眼睛，把额头靠在树干上，卸下负能量，

---

[1] 这让我想起了电影《绿里奇迹》中高大的约翰·考夫利（John Coffey）和汤姆·汉克斯（Tom Hanks）。约翰·考夫利一角由高大的黑人演员迈克·克拉克·邓肯（Michael Clarke Duncan）饰演。约翰有种天赋，他能治愈触摸他的人，吸走折磨对方的"痛苦"。有些人可能把迈克的高大身躯（身高 1.96 米，体重 142 千克）看成了大树的树干，既坚固又能遮风避雨，人在上面还可以休息。

让植物散发出的正能量波能更好地穿透我们：柳树能给人安慰，橡树能赋予人力量，椴树能带给人热情。尽管这种滑稽的治疗方法可能看起来离经叛道，但很多研究都揭示了该疗法的好处。

但还是要小心，因为橡树或千金榆等树的树皮里还含有刺激性物质，其汁液会让人全身瘙痒不已。拥抱某些树甚至非常危险，比如马提尼克岛和瓜德罗普岛普遍存在的毒番石榴，绰号"死亡之树"。它会分泌一种剧毒的白色汁液，皮肤只要接触到就会产生严重的炎症反应。所以，要好好选择你的树哦！

树木的秘密生活

我们已经看到，似乎还存在另一种物种之间，即植物和人类之间的情绪传染。这是有可能的，因为植物本身可能也有感受痛苦和恐惧的能力，当然它们感受情绪的方式与我们不同。就像护林员、畅销书《树木的秘密生活》的作者彼得·沃勒本（Peter Wohlleben）向公众揭示的那样：植物之间的一种同情心和团结力可能会增强植物的情绪感知力，这种能力将通过同情和团结的形式得到增强。莱蒙费朗市的研究人员证明树木敏感且有记忆。

在森林中，树木似乎能交流彼此的压力和恐惧，甚至隔着很远的距离也可以。它们是怎么做到的？依靠树木互相缠绕的根和一张由枯叶下的白色细丝真菌组成的大网，似乎构成了"森林网络"（木联网，wood wide web）。于是面对危险时，树木就会作出反应。比如一只动物开始啃食树的叶子，树就会改变树叶的化学成分，让叶子变得苦涩、有毒，同时通过"木联网"给同类发出一个警告。信号以电冲动的形式发出，以 1cm / min 的速度传播，把危险告诉其他树木。相邻的树木也会把它们的叶子变得非常难吃。

通过同一个网络，树木还会表达它们的同情心：一棵树病了，同类树会用根为其提供养料，帮助它痊愈。

在非洲草原上，长颈鹿和羚羊喜欢吃相思树的叶子。相思树于是会增加树叶中的单宁含量，使叶子变得不可食用（甚至致命！），并会通知周围的同类植物。但这次信息是通过空中传送：被动物撕碎的相思树叶子在空气中释放出一种气体（乙烯），在方圆几米内散播开来，落在周围树木的叶子上，于是这些树也收到了提醒。而随后羚羊和长颈鹿就会到百米之外的地方去觅食，避开附近被提醒的树。

感受户外

如果我们远离了自然，就是在自我伤害。从某种程度来说，自然是心理平衡的保证。

到 2050 年时，全球约有 75% 的人居住在城市中。到时还会有多少绿地？针对伦敦居民的一项研究显示，街道绿化率最高的地方，居民服用的抗抑郁药更少。我们会种植纪念性的树木，为什么我们就不能种植传播和提供积极情绪的树呢？这样一个简单的环境和心理倡议[1]，能让我们留给后代一个更好的世界[2]。

让我们从屏幕中走出来，重新感受自然。当我们时不时走出室内，进入绿色空间后，可以以更审慎和平静的心态去看那些短信、推特、朋友圈等的

---

[1] 还要知道在城市道路两旁种树能缓解夏日的酷暑。一棵树的树叶蒸发出的水分，相当于 5 台空调工作 20 个小时。

[2] 巴黎市政府似乎在这方面走在了前列，制定了宏伟的"巴黎种植"（Parisculteurs）计划，目标是到 2020 年，在巴黎打造 100 公顷的绿植房顶、墙面和建筑门面。

点赞或不喜欢。在网上耗费的时间少了一点儿，可能也会减少犯错的风险。

我们的大脑被GAFA（谷歌、苹果、脸书和亚马逊四家企业）、电邮或现在无所不能的手机劫持。互联网上产生的大规模情绪传染只是冲走了积极的情绪。人们攻击、诽谤、侮辱、群殴、灌输、策划阴谋……比如英国脱欧公投时，有13 500个俄罗斯机器人账户（推特上的马甲账户）在一个月的时间里发布了近65000条推特，包含"对欧洲一体化持怀疑态度"的内容，以及对欧盟的仇恨、愤怒及不屑，以影响投票。利用情绪操纵公众并不是什么新鲜事，互联网让操纵变得更加简单、快速、高效和容易。我们的邮箱里塞满了软文写手（一种新型催眠师诞生了）的误导信息，他们故意发送引人焦虑的电子邮件，让我们点击鼠标，要么是购买一种产品、服务，要么是在请愿书上签字。

我们越来越需要网络和手机，被超链接俘虏，感觉像是数字监视下的斯德哥尔摩综合征患者。

跨代关系的发展

有些人甚至爱上了手机，以至于对手机有了深深的依恋。被问"智能手机和你舅舅之间，你选择救谁？"时，有些人犹豫了……

面对这个问题，我没有犹豫，或是说我不再犹豫了。让我们不要忘记，除大自然以外，我们控制有毒情绪的另一种力量就是家庭。

在本书中我已多次谈到家庭的价值。如果您还记得的话，会想起我们在前文说过家庭是一种心理避险资产，帮助我们在必要时恢复情绪的平衡。然而，2014年在法国有500人被社会孤立，"脱离"了家人、朋友和邻里。其中27%是老年人，比2010年增加了10%；75岁以上的老年人中，有

41%与自己孩子的接触很少或没有，因此与孙辈的接触也同样。如前文所述，造成该现象的部分原因是怨恨或冲突，但这不是唯一的原因。上班族被过快的工作节奏搞得身心疲惫，大脑休息时间管理不当（部分被用于上网闲逛和刷手机了），导致看望和打电话问候老人的时间变少。对此人们还会找出很多借口来为自己开脱，但孤立老人是不可接受的。它会造成社会情绪错乱，耗竭我们"可调用的"潜在心理能量。这也是为什么每个人要承担起自己的责任，家里不同代人之间要经常走动，所有人都会从中受益。

此外，宠物让我们产生了很多的积极情绪。从这个角度来说，法国是个幸运的国家，一半家庭都至少有一个宠物（法国约有3000万只宠物）。然而，每年有10万只猫、狗被抛弃，夏天尤甚。我们已说过，小宠物也会有情绪，它们有助于人类恢复情绪平衡。宠物被抛弃的现象应该引起我们的反思。

分享我们的积极情绪

除了能平衡我们情绪的大自然和家庭外，有些人（在心理上）依赖福利国家。现在马克龙总统及劳工部长希望通过幸福科技（Happy Tech）让巴黎变成幸福工作之都。还有些人把希望寄托在法国足球上——现在相信足球的人比相信政治的人更多。为国家队再添荣光，全国都会为之疯狂呐喊！法国电视一台作为世界杯官方直播频道之一，在选择口号时非常清楚这一点。2018年，法国电视一台选择的口号是：分享我们的积极情绪。当法国队获胜时，巨大的喜悦传遍全国，几百万人分享着同样激动的心情。到处都回荡着胜利的鸣笛，一场胜利变成了所有人的狂欢。科学家用来衡量一种病毒传染性的著名指数——基本再生数R0（一个有传染性的人可以传染的平均人数）在这一天创了纪录。

当然法国队的胜利是件好事！胜利的影响持续多久最终无关紧要，胜利就已经很好了。但真正的问题是它在全球范围内产生的情绪影响，因为我们所讨论的"情绪嗓声"可不是简单的咳嗽。一次世界杯等于一个获胜的球队和……31 个失败的球队。一个国家欢欣鼓舞，而另外 31 个国家闷闷不乐。所以我们可以问问自己：世界杯究竟让世界的情绪天平偏向了哪一边？

自然、家庭、国家……我们非常依赖环境来修复情绪。但如果我们首先依靠自己呢？现在我们有了情绪传染隔离舱等工具，让我们能排除一些情绪一触即发的情况。

80 岁的阿兰·梅里埃（Alain Mérieux）也是生物梅里埃公司的领导者。有一天，我听到他给了学生一条非常符合常理的建议："远离那些蠢货、有毒的人……我等了 70 年才这么做，自此以后我很幸福！"让我们听从他的建议，试着远离那些被罗伯特·萨顿昵称为"蠢货"的人，我们在本书中已证明了这些人的传染性。对了，身处有毒情绪污染的环境下还感觉自在的人，他们也是有问题的，因为适应一个病态的公司并不是心理健康的标志。

让我们也把弱点转化为力量。自恋可以让我们自动感染积极的情绪，必然会在身边传播更积极的情绪。如前文所述，让我们先给自己戴上氧气面罩，再想着去救助身边的人。怎么做？很简单！

英国研究者表示，一个男人平均每天会看 23 次镜子，女人一天会看 13 次……到处都是镜子，自恋的人也随身带着镜子。嗯，这是一个机会！每次我们照镜子的时候，就是驱走消极情绪的机会。在演员工作室[①]里表演时，如果你悲伤，请假装在脸上做出开心的表情，想想生活里的开心事，试着用

① 演员工作室（Actors Studio）是由伊力·卡山、劳勃·路易斯和雪莉·史劳复于 1947 年在纽约成立的职业演员训练场所。曾对 20 世纪 50 年代的美国戏剧和电影产生相当大的影响。著名演员如马龙·白兰度、保罗·纽曼等均出于此。——译者注

嘴巴和眼睛微笑。拍拍脸颊，给自己一个最美的表情。随后试着保持几分钟。从理论上说，在镜像效应作用下，你的状态很快就会变得更加积极。每种情绪都有与之超对称的情绪，或对应的反粒子：悲伤对喜悦，厌恶对接受，焦虑对平静，等等。发挥相反情绪的作用，被自己表达的情绪影响，就足以让我们找到情绪的平衡。德古拉①就做不到这一点，看看他最后的下场如何。

我们的社会情绪已经开始失常，法国黄马甲的愤怒高涨便是预兆，就像手表因电池老旧开始出现故障。这个过程是逐步的，一开始很难被察觉。开始是误差几秒钟，然后是几分钟，最后和准确时间相差几小时。改变这一切得靠我们。在我的上一本书中，我支持更有益于情绪的饮食和（家庭和学校）教育。在本书中，请大家意识到我们是整体的一部分：影响我们的东西，也会通过传染影响其他人和后代。我们想要留给后代什么样的情绪印记？

---

① 德古拉是文学和影视作品中的吸血鬼形象，其现实原型是生活在中世纪欧洲的瓦拉几亚大公弗拉德三世。他一生骁勇善战，在位期间一直与入侵的奥斯曼土耳其军队英勇作战。他曾两次大败敌军，最后战死疆场。弗拉德战功卓著，在罗马尼亚人眼中他是一位抵御外敌的民族英雄。但弗拉德性格异常残暴，每每抓获俘虏，都要施以刺刑（即以削尖的木桩立于土中，将敌人刺挂尖端，流血而亡），因此得到了"穿刺王弗拉德"（Vlad the Impaler）的恶名。——译者注

致谢

首先，感谢我的妻子玛德琳（Madeleine）长期以来的支持和她从读者角度提出的宝贵建议。我探索这些不同的世界就是为了你。

感谢所有接受本书采访的宇航员、登山者、警察、律师、商人、作家、研究员、教练、朋友以及许多其他人。你们100多个人丰富了这本书的内容。感谢我的编辑马蒂尔德（Mathilde）和玛丽 – 保罗（Marie-Paule）提出宝贵的建议。

感谢娜塔莎（Natacha），她促成了这本书的产生。

感谢让 – 马修（Jean-Mathieu），感谢你花了数百个小时写下所有这些采访。

感谢我的父母，他们给我提供了可能的最好条件，让我在阿尔萨斯开始和完成本书的写作。

感谢我的两个孩子伊丽莎和加布里埃尔，感谢他们每天给予我的爱和能量，你们是我在蓝色星球上最珍贵的人。

感谢我的雇主里昂商学院。学院让我有自由、时间和资金做事，没有任何限制。

最后，感谢歌手卡洛杰侯（Calogero）和 Therapie Taxi 组合，我在本书写作过程中循环播放着他们的歌曲。